작은 한옥의 美

전통 소형한옥

작은 한옥의 美

전통 소형한옥

초판 발행 2010년 10월 20일
3 판 발행 2012년 04월 15일

글 신광철
사진 이규열 보조촬영 박종도

발행인 이인구
편집인 손정미
디자인 최혜진
도면 김국환
인쇄 영프린팅
펴낸곳 한문화사
주소 경기도 고양시 일산서구 강선로 141, 후곡 1606-1701
전화 070-8269-0860
팩스 031-913-0867
전자우편 hanok21@naver.com
등록번호 제410-2010-000002호

ISBN 978-89-963836-6-6 04540
ISBN 978-89-963836-4-2 |세트|

가격 34,500원

전통 초가집

작은 한옥의 美

글 신광철 | 사진 이규열

한문화사

집으로서의 기능뿐 아니라 문화, 교육, 사교의 장으로써 예술적 가치를 지닌,

전통 소형한옥

우리 한옥은 다른 나라에서는 보기 어려운 특별한 집이다. 주장하지 않으면서도 은근하게 드러내고 드러내는 것 같으면서도 숨어 있는 듯, 고즈넉한 아름다운 풍경을 선사한다. 이것이 한국 전통한옥의 독특함이자 멋스러움이다. 사람과 자연 그리고 집이 만나 조화를 이루고 서로 부드럽게 친화되어 다듬어지면서 온화한 모습을 보인다. 자연과 집이, 집과 사람이 함께 어우러지는 긍정적 순환의 관계이다. 한국인의 심성이 총집결된 건축물이 한옥이라 할 수 있다. 자연에 대한 친화력과 접근성, 인간에 대한 애정과 감성의 접목이 자연스러우면서도 어떤 면에서는 철없는 아이같이 천연덕스럽기까지 하고, 또 다른 어떤 면에서는 달통한 도인과 같은 미학을 보이는 점이 한국건축의 멋이며 뛰어난 장점이다.

전통한옥의 가장 큰 특징은 난방을 위한 온돌과 냉방을 위한 마루가 균형 있게 결합한 구조를 갖춘 것이다. 대륙성 기후와 해양성 기후가 공존하는 한반도의 더위와 추위를 동시에 해결하기 위한 한국만의 독특한 주거 형식이다. 상류주택과 민가에 따라서도 구조를 달리하는데, 상류주택은 장식적인 면에도 치중하여 주택의 기능뿐만 아니라 예술적인 가치로도 뛰어난 건축물이 많이 남아 있다.

조선시대에 들어서 한옥의 가장 큰 변화는 유교적인 덕목을 건축물에 반영한 것이다. 조선 초기에는 고려조의 방식을 상당 부분 그대로 받아들이고, 조선 중기로 접어들면서 유교가 정착됨에 따라 백성의 의식뿐만 아니라 실생활에도 그 적용이 나타나기 시작했다. 대가족이 함께 어우러져 사는 한국의 전통사회에서 한옥은 유교의식이 적극적으로 반영되어 상류계층의 주택은 신분과 남녀, 장유를 구별하는 공간 배치구조를 보인다. 남녀의 생활공간을 분리하기 위한 내외담을 쌓고, 안주인의 안채와 바깥주인의 사랑채가 나누어진 것도 조선 전기를 넘어서면서부터 적용된 것들이다. 안채는 집안의 안주인을 비롯한 여성들의 공간으로서 대문으로부터 가장 안쪽에 자리 잡고 지극히 폐쇄

적인 공간이었다. 사랑채는 집을 방문한 손님들에게 숙식을 대접하는 장소로 쓰이거나, 이웃이나 친지들이 모여서 친목을 도모하고 집안어른이 어린 자녀들에게 학문과 교양을 가르치는 장소로 쓰이기도 하였다. 유교적인 효사상이 강화되면서 조상숭배의식의 정착과 함께 중상류의 주택에는 대문으로부터 가장 안쪽, 즉 안채의 안대청 뒤쪽이나 사랑채 뒤쪽 제일 높은 곳에 '사당'이라는 의례 공간을 따로 마련하기도 하였다. 또한, 마을이나 주택은 물론 정자까지도 풍수지리학을 반영하여, 당시 건축물을 지을 때 보편적으로 퍼져 있던 풍수지리학을 적극적으로 반영하려 한 흔적도 엿볼 수 있다.

이런 토대 위에 지어진 한옥 중에서 『전통 소형한옥』은 주로 규모가 작은 한옥을 중심으로, 집으로서의 기능뿐 아니라 문화, 교육, 사교의 장으로써 예술적 가치를 지니는 사대부 집과 독립적 공간인 정자, 건축물 중 2층에 해당하는 누, 지역 환경에 따라 손쉽게 구한 재료로 지은 서민 집, 한국문화의 특성을 잘 나타내는 세계적인 정원인 궁의 후원에 지어진 정자, 더하여 전저후고前低後高 지형에 전학후묘前學後廟의 배치양식을 따랐던 강학공간을 장별로 구분하여 담아냈다.

전문사진작가와 함께 발품을 팔며 전국적으로 산재해 있는 한옥들을 찾아가 사진을 찍고 얼마 남지 않은 우리 한옥의 현주소와 실태를 파악하는 한편, 한옥을 미학적인 관점에서 바라본 방대한 자료집이라고 할 수 있다. 이 책이 나오기까지 많은 시간 변함없이 함께 노력해준 사진작가와 한문화사에 심심한 감사의 마음을 전한다. 앞으로 한옥을 공부하고 알고자 하는 이들에게 좋은 길잡이 역할을 해 줌과 동시에 한국문화가 세계무대로 더욱더 뻗어 나갈 수 있는 작은 징검다리 역할도 함께 해 주리라 믿으며 이 책을 세상에 내놓는다.

파주 통일동산에서 신광철

작은 한옥의 美

전통 소형한옥

차 례

1

사대부 집

집으로서의 기능뿐 아니라 문화, 교육, 사교의 장으로서 가치를 지닌 집

한옥의 일반적인 특성은 남방방식과 북방방식의 공유다. 따뜻한 지방에서 더위를 피하기 위한 남방방식인 마루와 추운 지방의 북방방식인 온돌을 하나의 건축물에 수용한 것은 다른 나라에서는 찾아볼 수 없는 특별한 점이다. 또한, 나무를 치목하여 재단하고 나서 짜 맞추는 가구구조는 한옥이 가진 큰 특징이다. 사대부 집에서는 이를 적극적으로 수용하였고 일반 서민 집에서는 열악한 환경과 경제적인 이유, 규모의 왜소함으로 적용이 어려웠다. 한옥은 한국 땅에 지어진 집이다. 한옥은 기와집, 너와집, 굴피집, 초가집, 귀틀집 등 다양하다. 집이 지어지는 현장의 상황에 따른 재료구매의 한계로 집의 자재가 달라지고 구조도 달라진다. 우리나라에 남아있는 한옥 대부분은 조선시대의 건축물이다. 나무가 가진 단점은 수명이 짧다는 점으로 조선시대 이전의 건축물은 거의 남아있지 않다. 한옥 중에서도 사대부 집이 가장 많이 남아 원형을 보존하고 있고 건축물 중 가장 한국적인 특색을 가진 집이기도 하다. 자재나 구조에 따라 집이 달라지기도 하지만, 사대부 집의 가장 큰 특징은 형식적인 면에서 변별성을 갖게 하는 요소인 유교원리의 전폭적인 적용이다. 신분사회였던 조선시대 사회에서 왕족 다음으로 권력을 쥔 세력집단이었던 점에서 사대부 집은 집의 규모와 형식을 잘 갖추어 한옥 중에서도 가장 한국적인 특징과 독특함을 간직하고 있다.

사대부 집은 조선시대의 건축물 중에서도 생활 집이면서 유교적인 원리의 수용에 따라 집의 구조와 건축양식의 독특함을 갖추었다. 그리고 궁 다음으로 규모가 크고 건축구조 원리를 모두 갖춘 집으로서의 면모를 가진, 현재 보존가치가 있는 것 중에서 다수를 차지한 것이 현실이다. 우리의 심성에도 한옥 하면 사대부 집의 기와집과 서민 집의 초가집을 떠올릴 정도로 한국건축의 보편성을 가진 것이 사대부 집이다.

사대부 집은 조선시대의 유교적인 원리 중에서도 성리학을 주로 받아들여 성리학적인 요소가 많이 담겨 있다. 건축물에도 자연스럽게 신분사회의 위계와 남녀의 차별을 받아들인 성리학적인 요소가 반영됐다. 사대부 집은 공간의 분할이 우선 눈에 띈다. 남녀 생활공간의 분할이다. 남성공간인 사랑채, 여성공간인 안채를 분리했다. 공간의 분할을 남녀의 역할분리로 구분했지만, 가정이라는 집단의 특성이 남성과 여성을 완전분리해서 이루어질 수 없으므로 낮과 밤의 이용공간이 달랐다. 낮에는 안채는 여성들의 공간으로, 사랑채는 남성들의 공간으로 이루어지다가 밤에는 남자들이 안채로 들어 부부가 만나는 형식을 가졌다. 남녀가

만나는 것은 제한적인 경우에만 이루어져 있어 공간의 분리를 위하여 담과 문이 발달해 있다. 남녀공간의 분할로 대표적인 것이 내외담이다. 대개 여성공간을 외부로부터 보호하기 위해 가장 안쪽에 안채가 자리하고 바깥쪽에 사랑채가 위치하며, 사랑채와 안채 사이에도 시선 차단을 위해 가림벽을 두었는데 이를 내외담이라고 한다. 내외담에는 쪽문을 내어 은밀하게 드나들 수 있도록 배려한 곳도 있다.

신분사회였던 조선사회는 사대부 신분과 사대부의 농사일과 생활을 보조하면서 소유주와 동거하거나 혹은 근처에 살면서 직접적인 노동력을 제공하는 노비로 나누어졌다. 이를 외거노비와 솔거노비라 한다. 외거노비는 주인과 떨어져 별거하는 노비로 서민 집에서 거주하였으며, 솔거노비는 주인과 같은 집에서 사는 노비였다. 솔거노비는 주인의 직영지를 경작하거나 길쌈, 그 밖의 모든 일에 노동력을 제공하였다. 솔거노비가 거처하는 곳은 대문 옆의 행랑채가 일반적이었다. 안채와 사랑채가 기단을 쌓아 행랑채와는 달리 높은 곳에 지어 위용을 갖추었지만, 행랑채는 기단이 낮거나 없는 지반에 지어져 격을 달리했으며 일부 담의 역할도 수행하였다. 구조적인 면에서도 확연하게 차이를 두어 지었다.

또한, 사대부 집에는 본채의 동쪽에 사당을 들였다. 조상의 신위를 모시고 제사를 지내기 위한 공간이다. 사대부 집은 형식을 갖추어 지은 집이라 규모도 자연스럽게 커지고 거주자도 많다. 사대부 집은 한옥의 일반적인 특징인 온돌과 마루를 공동 수용한 것과 함께 좋은 재목으로 짜임새 있게 지어 예술적인 감각과 미적인 면이 담겨 있다. 사대부들은 거주를 위한 집과 함께 문화공간의 필요에 의하여 정자와 정사를 지었다. 사대부의 생활 집이면서 정자의 사교적인 면과 교육적인 기능을 일부 수용한 정사精舍를 지어 문화의 향유를 즐겼다. 정사는 사찰이나 암자와 같은 성격을 가진 명칭이다. 한자 뜻 그대로 풀이하자면 '정성 들여 몸과 마음을 순

일하게 하는 집'이란 뜻이다. 정사는 누, 정자와 다르게 생활 집이 붙어 있다. 다락형태의 누를 채용하거나, 사랑채를 지어 사랑채 안에 마루와 방을 지어 안채와는 독립적인 공간을 만들기도 한다. 안동 하회마을의 겸암정사는 다락형태의 누각을 지어 정자역할을 했고, 옥연정사는 사랑채 형식을 들여 문화와 교육, 사교 역할을 담당했다. 원지정사는 부속건물과 함께 독립된 정자를 지어 이용했다. 정사는 정자역할을 수행

하는 독립적인 구조의 건축물이 아니라 생활 집이나 부속건물이 딸려 있다는 특징이 있다.

사대부 집의 형태는 다양한 구조와 양식이 있으며 개인적인 취향이나 목적에 따라 변형되고 창조되었다. 사대부 집은 주거공간으로서 뿐만 아니라 문화 창조의 역할을 담당하기도 했다.

위_ 담양 소쇄원, 광풍각.
자연석계단과 건물이 거슬리지 않고
풍경을 주고받는다.
아래_ 담양 소쇄원, 광풍각.
숲 속에 자리한 광풍각은 대밭을 지나가는
바람 소리, 내를 흘러가는 물소리가 있다.
세월은 소리 없으나
탄생과 소멸을 주관한다.

위_ 담양 소쇄원, 제월당. 숲에 집이 있고 집에서 숲이 둘이 아니고 하나다.
아래_ 동춘당. 외벌대의 기단에 양곡이 두드러진 적당한 크기의 깔끔한 건물이다.

1 봉화 닭실마을 청암정. 물에 그림자를 드리우고 평석교 하나 걸었다. 소통의 다리가 물을 건넌다.
2 안동 긍구당. 자연석으로 세 단의 기단을 만들고 줄을 맞춰 돌의 크기를 고르게 배열하였다. 조망이 뛰어난 집이다.
3 강릉 오죽헌. 사대부 집의 유교적인 격식과 품위를 갖추고 있다.

1 대전 쌍청당.『경국대전』이 정해지기 전에
세웠던 건물이므로 민가에 단청할 수 없다는 규제에서
제외되었을 것으로 본다. 민가에 이같이
단청이 되어 있는 것은 드문 일이다.
2 안동 옥연정사. 류성룡이『징비록』을 집필한 곳으로
말년에 관직에서 은퇴하고 나서 머물렀다.
3 안동 하회마을 원지정사.
자연 속에서 자연과 더불어 생활하는 것을 즐겼지만,
사대부들의 관심은 늘 출세, 즉 세상에 나아가
성공하는 것에 있었다.
4 강진 다산초당. 경사가 급한 다산초당은
약간 어둡고 척박하다는 느낌이 들지만, 한국 실학의
귀중한 저서들이 집필된 산실이다.
5 담양 소쇄원, 제월당. 기와에도 풀이 자라고
탄생과 소멸은 어디에서나 의미 있고 찬란하다.
6 담양 소쇄원, 광풍각.
별서정원으로 중요한 자리를 차지한다.
한국정원문화의 중심이기도 하다.

1-01. 다산초당

茶山艸堂 | 전남 강진군 도암면 만덕리

18년을 유배지에서 살고 돌아와 유배지의 다산초당을 그리워한 정약용

다산은 유배지인 강진에서 18년을 보내고, 유배지 강진에서 고향으로 돌아와 18년을 살았다. 유배를 가던 때 정약용의 나이는 40세였다. 사람이란 이름을 가지고 어떻게 살아야 잘 산 삶이라 할 수 있을까. 정약용의 인생을 크게 세 부분으로 나누어 보면, 어린 시절과 관료로 일했던 팔팔하고 힘이 넘치던 40세까지, 다음은 정약용이 유배되어 살아간 힘들고 벅찬 떨쳐버리고 싶었던 18년, 마지막으로 유배지인 강진에서 고향으로 돌아와 한가로이 보내며 살다간 18년의 세월이다. 정약용에게 삶의 황금기는 어느 시기일까. 한평생을 다 살고 난 후 돌이켜 볼 때 과연 어느 시기를 선택했을까. 사람은 이 세상에 우연히 왔다가 우연히 가는 것이 아니다. 분명히 태어난 이유가 있다. 이 세상에 와서 할 일이 있고 그 일을 실행해야 한다면 정약용이란 한 사람이 이 세상에 온 이유는 무엇일까.

정약용은 유배를 올 때 형 정약전과 함께였다. 그러나 정약용은 강진으로, 형 정약전은 흑산도로 나뉘어 갔다. 울면서 헤어지며 서로 살아서 만날 수 있을까를 염려했다. 유배지로 끌려오기 전에 이미 형제 중 한 사람이 죽음을 당했다. 삼 형제의 참혹한 이별이었다. 한 사람은 죽음으로 이별을 했고, 또 한 사람은 다른 유배지로 헤어져야 했다.

강진에 도착했을 때 그곳의 인심은 싸늘했다. 그래도 정약용을 사심 없이 따뜻하게 대해준 사람은 힘들게 세상을 살아가는 동문 밖 주막의 늙은 주모였다. 그 주모의 도움으로 이곳에서 1805년 겨울까지 약 4년간 거처했다. 정약용은 자신이 묵는 주막집을 일컬어 '동천여사東泉旅舍'라 하고, 42세 때의 동짓날에는 자신이 묵던 작은 방을 일러 '사의재四宜齋'라 하였다. 생각을 담백하게 하고, 외모를 장엄하게 하고, 언어를 과묵하게 하고, 행동을 신중하게 하겠다는 뜻이다. 이때가 정약용에겐 강진 유배기간 동안 가장 힘들었던 시기다. 언제 사약이 내려올지 어떤 새로운 상황이 전개될지 모르는 유배지 강진에서의 생활은 늘 불안했다. 감시의 눈도 심했고 무고도 있었다.

두 번째 거처로는 차를 배우고 세상을 함께 논하던 10살

연하인 혜장선사의 도움으로 머물게 된 보은산방이다. 44세 때인 1805년 겨울 큰아들 정학연이 이곳에 찾아와 머물렀다. 아버지로서의 역할을 어쩌면 처음 해보는 시기였다. 벼슬길에 나가서는 나랏일에 몰두하느라 거의 가족을 볼 수 없었고 늘 외지에서 떨어져 살아야 했다. 아들에게 주역과 예기를 가르치며 다산이 아버지로서 혈육의 정을 느낀 따뜻한 시기였다. 45세 때의 가을, 9개월 만에 다시 이학래 집으로 옮겼다. 1808년 봄 다산초당으로 옮기게 될 때까지 약 1년 반 동안 이곳에서 머물렀다.

정약용의 인생이 새롭게 시작된 것은 강진의 유배 시절이라 할 수 있다. 개인적인 슬픔에 빠져 있지 않고 어두운 시대에 아파했다. 사실 다산이 겪은 고초는 개인의 잘못이 아니라 불의의 시대에 태어난 탓이었다. 농민들에 대한 착취와 압제의 실상을 목격하고, 농촌현실에 근거한 문제의식과 그 해결을 위한 저술에 몰두했다. 그의 시문은 백성이 당하는 고통을 그대로 담아내었다. 47세가 되던 1808년 봄에 강진읍에서 서남쪽으로 20리쯤 떨어진 만덕산의 귤동에 있는 산정으로 옮겼다. 이 초가가 다산이 유배생활 후반부 10년을 머물면서 오로지 저술에만 매달리며 역사에 빛나는 학문적 업적을 남긴 다산초당이다.

다산초당은 중앙에 정면 5칸, 측면 2칸의 기와집 '초당'이 있고 그 양옆으로 역시 기와집인 동암과 서암이 있으며 좀 떨어진 동쪽 산마루에 조그마한 정자 천일각이 있다. 당시에는 이 집들이 모두 초가집이라 '초당'이었는데 근래에 복원하면서 기와를 얹었다. 초당과 동암에는 추사 김정

왼쪽_ 툇마루와 홍예툇보. 우리의 건축물 중 부재를 있는 그대로 드러내는 것은 그만한 자신감에 있다. 우리의 가구구조식 건축물은 과학적이면서도 아름답다.
오른쪽_ 빛이 잠깐 들었다 사라지는 다산초당에서 정약용은 저술에 몰두했다. 한국인으로서 가장 많은 저술을 한 사람이다.

사대부집 🏠 17

희가 쓴 다산초당, 보정산방이라는 현판이 각각 걸려 있다. 초당 옆에는 그가 손수 만들고 계곡물을 대통으로 끌어서 잉어를 기르던 작은 연못이 있고, 앞마당에는 솔방울을 태워서 차를 달이던 '다조'라고 불리는 넓적한 바위가 있으며, 집 뒤에는 그가 마시던 샘이 있고, 그 뒤쪽 바위에는 다산이 직접 쓰고 새겼다는 정석丁石 두 글자가 남아 있어 다산의 손길이 직접 닿았던 흔적을 느끼게 한다.

다산은 주로 동암에 기거하면서 목민심서를 비롯한 수백 권의 저서를 집필했고, 초당은 제자들을 가르치는 교실로, 서암은 제자들의 거처로 썼으며, 때때로 동쪽 산마루의 천일각에 나가서 바람을 쐬거나 흑산도로 귀양 가 있는 둘째 형 정약전을 그리며 바다를 바라보곤 했다고 한다. 정약용은 유배지에서 500여 권의 저서를 펴낸다. 초인적인 노력이고 힘이다. 궁둥이가 짓무를 정도였고 제자들이 대주는 한지가 모자랄 정도였다고 한다. 정약용은 결국 강진에서 바다를 바라보며 그리던 형이 죽었다는 소식을 듣는다.

1836년 부부가 혼인한지 60주년이 되는 회혼의 날, 친척들과 자손들이 모인 그 날 정약용은 75세로 세상을 마쳤다.

왼쪽_ 사각기둥 위에 부챗살처럼 뻗어 나온 추녀와 서까래가 힘차다. 이곳에서 정약용의 저술활동은 계속되었다. 몸은 갇혀 있었으되 마음만은 누구보다도 자유로웠을 시기였으리라.
오른쪽_ 다산초당은 처음에 이름 그대로 초가집이었다. 앞마당에는 솔방울을 태워서 차를 달이던 '다조'라고 불리는 넓적한 바위가 보인다.

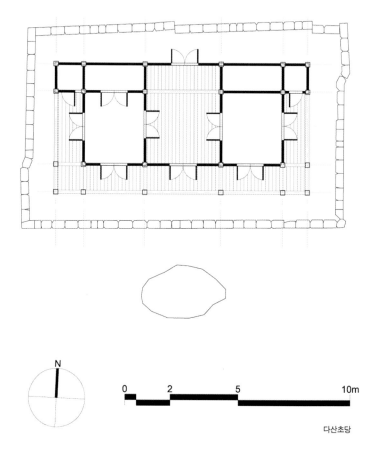

N

0   2   5   10m

다산초당

1 마치 호젓하고 편안한 휴식처와 같은 다산초당의 모습.
사람이 바쁘게 산다는 것은 바람직할지 모르나 휴식의 여유가
없다면 오히려 정신적 풍요로움과 가치는 희석될 수도 있다.
2 연못을 만들어 물고기도 길렀다고 한다.
혼자 사는 사내의 심정을 위로한 건 살아 있는 생명이었을 것이다.
3 18년 동안 강진에 머무르면서 그래도 가장
안정된 생활을 한 곳이 이곳 다산초당이다. 이곳에서의 삶은
유배였지만 정신적으로 풍요로웠던 시간이기도 했다.
4 낙숫물이 떨어지는 안쪽에 댓돌을 가지런하게 놓아
낙숫물이 튀지 않도록 했다.
5 툇마루와 세살창호 그리고 서까래.
각기 다른 모양새의 나무가 수수하고 자연스러운 조화로움을
느끼게 한다.
6 툇마루. 다른 어느 집의 툇마루보다도 많이
이용되었을 것으로 보인다. 귀양살이하는 자신과 두고 온
가족 생각으로 하염없이 상념에 젖어 앉아있었을 다산이
눈에 잡힐 듯하다.
7 1고주 오량가로 정면 3칸 전퇴가 있는 맞배지붕이다.
겨우 집 한 채와 작은 마당 하나를 들인 게 전부인 만큼 협소하다.
오른쪽으로는 경사가 급한 산 능선이다.
8 다산초당. 산山 자의 굵고 기울어짐과 초후 자의
가늘고 여린 획은 마치 산과 풀의 느낌을 전하려는 듯
서체가 매우 독특하다.

1-02. 소쇄원

蕭灑園 | 전남 담양군 남면 지곡리 123

자연과 인공이 조화를 이루고 자연주의를 받아들인 대표적인 전통정원

소쇄원의 매력은 비어 있음이다. 서구식 정원이나 중국, 일본의 정원이 여백을 들이지 않은 인공적인 건축물을 지었지만, 소쇄원은 공간 자체가 미를 구성하는 한 요소이다. 여백이 전체의 구도를 안정적으로 받치고 있다. 소쇄원이 완성되던 당시에 있었던 건물들이 대부분 사라지고 일부만 남아 아쉬움이 많지만, 그 일부만으로도 소쇄원을 꾸민 의도와 한국적인 정원문화를 이해하는 중요한 단서가 된다. 중국의 정원처럼 인공적인 극대화를 추구하며 규모와 과장으로 치닫거나, 일본의 정원처럼 아기자기한 세밀함과 깔끔함을 주축으로 하는 정제된 미를 소쇄원에서는 전혀 찾아볼 수 없다.

소쇄원은 자연과 인공의 경계에 서 있다. 건축물 자체가 지닌 인공적인 모습과 자연에 기대어 조화를 만들어 낸 것이 소쇄원이 가진 정원의 정체성이다. 소쇄원은 건물이 있으므로 해서 자연이 더 아름답고 자연성이 훼손되지 않게 하는 우리 정원의 정형을 그대로 지니고 있다. 인위적인 것이 드러나지도 않고 자연에 건축물이 묻혀 버리지도 않는 절충과 화합의 무대가 소쇄원의 정원풍경이다.

1530년 기묘사화가 일어나 스승인 조광조가 죽임을 당하자 조광조의 제자였던 소쇄 양산보가 모든 관직을 그만두고 고향인 담양으로 내려와 지은 것이 바로 이곳 소쇄원이다. 선비의 지조와 신념을 강조하다 보니 강직하고 올곧은 선비들이 자신의 지조를 지키며 학맥과 가문을 위하고자 하는 일이 곧잘 상대방과의 투쟁으로 번지고는 했다. 지조나 소신에 융통성이 없는 것은 정쟁을 부르고 적을 만드는 일이었다. 내 생각이 옳으면 상대방의 생각도 옳을 수 있다는 다름을 인정하지 못하는 사회가 되어 서로 파벌을 이루고 적대관계에 놓인다. 이때 파벌끼리 서로 돌아가면서 죽고 죽이는 일이 다반사로 일어났는데 그것이 바로 사화였다. 이러한 정쟁의 소용돌이에 휘말려 스승인 조광조가 죽고 스승의 일문일족이 역적으로 내몰리는 상황을 겪으며, 정치에 염증을 느낀 양산보는 곧바로 귀향하여 소쇄원을 지었던 것이다.

소쇄원 공간은 판화로 1755년에 만들어진 〈소쇄원도〉와 1548년 하서 김인후가 쓴 「소쇄원 48영」에 의해서 잘 알 수 있다. 현재는 1,400여 평의 담장 안 영역으로 이해되고 있으나 그 범위를 포괄적으로 보면 내원과 담장 밖 공간의 외원으로 나눌 수 있다. 여기에는 김인후가 쓴 『소쇄원 48영』을 중심으로 그 시제에 나타난 내용에서 소쇄원의 구성요소를 살펴볼 수 있다. 소쇄원은 개인적으로 건립한 민간 정원이며 별서정원이다. 별서정원이란 세속의 벼슬이나 당파의 이익을 위한 싸움에 발을 들이지 않고 자연에 귀의하여 전원이나 산속 깊숙한 곳에 따로 집을 지어 유유자적한 생활을 즐기려고 만들어 놓은 정원으로, 선비의 이상이었으며 벼슬에서 물러나면 가서 머물고 싶은 곳이었다. 이러한 정원은 각처에 산재해 있지만, 완도군 보길도에 있는 윤선도의 부용동 정원, 전남 담양군에 있는 양산보의 소쇄원이 대표적이다.

물이 흘러내리는 계곡을 사이에 두고 건물을 지어 자연과 인공이 조화를 이루는 대표적 정원이다. 인공이 자연의 자리를 차지하고 들어섰지만 결국은 건축물이 자연으로 화하는 경지를 만나는 곳이 소쇄원이다. 소쇄원은 자연계류를 중심으로 산에 기대고 숲에 의지하고 있다. 물의 일부는 받아들여 연못을 만들고 계곡을 흐르는 물은 그대로 흘러가지만 물문을 통하여 들어온다. 돌담에 난 물문을 보면 흐르는 것과 머무는 것의 서로 상반된 만남이 주는 묘한 신비를 만나게 된다. 물문은 아름답다. 계곡을 건너는 나무다리는 인공과 자연의 조화를 이루는 소쇄원의 정서가 그렇

왼쪽_ 제월당. 편액은 당당하고 문얼굴 사이로 보이는 밖의 굴뚝은 낮은 키로 서 있다.
오른쪽_ 담장은 산의 흐름을 따라 계단식으로 층을 낮추며 쌓았다.

듯 양 극단의 만남을 주선하는 징검다리다. 스승을 죽음으로 몰아갔던 적대적인 인간관계가 아닌 화합과 만남을 위한 다리였으면 했을 것이다.

소쇄원은 제월당과 광풍각, 애양단을 중심으로 석가산·수대·원규유수구·오곡문 그리고 수대를 가운데에 둔 상하 2개의 소형 연못 및 대봉대 위의 원정 등이 주요 구성요소이다. 소쇄원의 중심은 아무래도 제월당과 광풍각이다. 들어서면서 먼저 보이는 것이 광풍각이고, 그 뒤로 멀리 보이는 건물이 제월당이다. 제월당이 주인을 위한 집이라면 광풍각은 객을 위한 사랑방이라 할 수 있다.

제월당은 정자라기보다는 정사精舍의 성격을 띠는 건물로 주인이 거처하며 조용히 책을 읽는 곳이었다. 당호인 제월霽月은 '비 갠 뒤 하늘의 상쾌한 달'을 의미한다. 정면 3칸, 측면 한 칸 반의 팔작지붕의 기와집이고, 광풍각은 정면 3칸, 측면 3칸의 팔작지붕의 기와집이다. 또한, 광풍각에는 영조 31년, 1755년 당시 소쇄원의 모습이 그려진 그림이 남아 있다. 광풍각의 배면에 여러 개의 단을 올려 주거형식의 제월당을 건축하고 전면에 마당을 두었다. 좌측 1칸은 다락을 둔 온돌방이며 중앙 칸과 우측 1칸은 장귀틀

과 동귀틀을 갖춘 우물마루구조인데, 전면과 우측면은 개방됐지만 후면은 판벽과 판문으로 되어 있다. 기단은 막돌 허튼층쌓기한 높이 1.3미터의 기단 위에 덤벙주초를 놓고 사각기둥을 세웠으며, 도리와 장혀, 보아지로 결구된 평오량가다. 천장은 연등천장과 우물천장을 혼합한 형태로 서까래가 모이는 부분에는 눈썹천장으로 되어 있으며, 처마는 홑처마이며 추녀 끝에는 팔각의 활주를 세우고 합각 부분에서 우미량 형태의 충량이 보와 연결된다.

광풍각은 중앙 1칸은 온돌방으로 후면에는 함실아궁이가 있다. 아궁이에는 불을 땐 그을음이 흔적으로 남아 있다. 가끔 불을 넣어야 한옥은 오래 보존된다고 한다. 온기가 필요한 건 사람만이 아니다. 집도 온기가 필요하다. 방의 문턱에는 머름을 설치하였으며, 문은 삼분합문으로 되어 있다. 막돌허튼층의 낮은 기단 위에 덤벙주초를 놓고 사각기둥을 세웠으며, 주두와 소로, 장혀, 굴도리로 결구한 평오량가다. 천장은 연등천장과 우물천장을 혼합하였는데 서까래가 모이는 부분은 눈썹천장으로 되어 있고 처마는 홑처마이다.

제월당 전면 모습. 양쪽 추녀마루가 가볍게 날개를 폈다.

1 제월당. 자연석을 막돌허튼층쌓기로 했지만,
그 맛이 전체적인 풍경과 훨씬 어울린다.
2 제월당. 무거운 추녀를 지탱하기 위해
추녀 밑에 세우는 활주活柱 사이로 마루와 방이 함께
구성된 풍류의 공간이다.
3 제월당 측면 모습.
함실아궁이가 보인다. 벽 구성이 단순하면서도
정감이 간다.
4 제월당에서는 사계절이 고르게 아름답다.
정면 3칸, 측면 2칸의 팔작지붕 집이다.

1

2

3

4

1 제월당. 우물마루가 한눈에 들어온다.
보와 도리 그리고 서까래가 만든 삼각구조의 비례가 멋스럽다.
2 제월당. 풍류를 아는 선비들의 장소인 만큼
편액이 곳곳에 붙어 있다.
3 제월당. 선비의 방은 소박하면서도 정갈하다.
안과 밖이 모두 서예작품이다.

1

2

3

霽月堂

1 기와조각과 흙을 함께 쌓아 올린 와편굴뚝이다.
2 제월당. 방으로 오르는 계단이 투박하지만,
제멋에 겨운 것을 즐기는 것도 한옥의 특별함이다.
3 제월당. 제월霽月은 '비갠 뒤 하늘의 상쾌한 달'을 의미한다.
제월당은 정자라기보다는 정사의 성격을 띠는 건물로
주인이 거처하며 조용히 책을 읽던 곳이다.
4 곧고 푸른 대나무는 생애 전체를 일어서는 일
하나밖에 모른다.

1

2

3

1 광풍각. 높고 낮음이 계단의 숫자만큼 부질없는 일이지만 올라간 만큼 내려와야 하는 진리를 전하고 있다.
2 계류가 흘러내리는 바로 위에 지어진 광풍각은 물소리가 한결 가깝다.
3 폐쇄공간이 문을 여는 순간 세상의 중심이 되는 것이 한옥의 매력이다. 나와 자연과 건물이 하나의 공간에서 만난다.

1 담이 있지만 누구나 들여다볼 수 있는 허울만 경계를 표시하고 있다.
숲 속에 든 광풍각은 자연의 일부다.
2 소쇄원을 바깥쪽에서 바라본 모습. 담장 사이가 빈 곳이 계곡물이 흐르는 곳이다.
소쇄원은 안과 밖이 따로 없다. 주위 풍광이 모두 정원으로 편입된다.
3 계류를 건너는 외나무다리가 계류를 막아섰으나 물문을 열어 놓았다.
그 옆으로는 사람의 길도 열어 놓았다.
4 토석담 아래 물문의 모습. 받치고 받혀주는 돌은 존재의 유기적인 관계를 일깨운다.
5 경계를 만들었지만 어디가 안이고 어디가 밖인지 모를 길을 담을 열어놓았다.
6 담장 위의 잡풀과 이끼들이 오랜 세월의 흔적을 전해 주고 있다.
7 물은 세상을 나누려 하지만 결국은 양안을 끌어안고 흐른다.
다리도 마찬가지로 양안을 이어주는 역할을 하려는 듯 겸손을 배워 스스로 누웠다.

1-03. 동춘당 同春堂 | 대전 대덕구 송촌동 192

'살아 움직이는 봄과 같아라'라는 뜻의 동춘당

동춘당은 조선 중기의 학자인 동춘당同春堂 송준길이 지은 별당 건물로 자신의 호를 따서 별당 이름을 동춘당이라 명명했다. 동춘同春은 '살아 움직이는 봄과 같아라.'라는 뜻이다. 겨울을 막 건넌 봄날에 만나는 햇살이며 꽃이야 어찌 반갑고 고맙고 흐뭇하지 않으랴. 건물 정면에 동춘당同春堂이라 쓰여 있는 현판이 걸려 있는데, 이 현판은 송준길 선생이 죽은 후 1678년에 송시열이 쓴 것이다.

송준길은 어려서부터 친척인 송시열과 함께 율곡 이이를 사숙하면서 훗날 양송兩宋으로 불리는 각별한 교분을 맺어나갔다. 사숙이란 직접 가르침을 받지는 못하지만 한 사람을 표본으로 하여 마음속 스승으로 모시고 그를 본받아서 도나 학문을 닦는 것을 말한다. 송준길은 20세 때 김장생의 문하에 들어가 성리학과 예학에 관한 가르침을 받았다.

동춘당은 조선시대 별당 건축의 일반적인 유형이다. 구조는 비교적 간소하고 규모도 크지 않다. 정면 3칸, 측면 2칸 규모이며 평면으로는 총 6칸 중 오른쪽 4칸은 대청마루이고 왼쪽 2칸은 온돌방이다. 방과 마루를 함께 만들어 사계절 사용하는데 어려움이 없도록 했다. 대청의 정면·측면·후면에는 쪽마루를 내어 동선이 자유롭도록 배려했고, 들고날 때에 걸터앉아 잠시 여유를 가질 수 있는 공간으로 만들었다. 쪽마루는 비나 눈이 오는 날에는 바깥 풍경을 바라볼 수 있는 여유 공간이고, 햇볕 따가운 날에는 그늘로서 제격이다. 방과 마당의 중간지대로 여러 가지 편의를 제공하는 공간이다. 들어걸개문을 들어서 걸면 내부공간과 외부공간의 구별 없이 하나의 공간이 된다. 사람과 자연이 외따로 존재하는 것이 아니라 하나라는 의식을 느끼게 하는 본보기다. 또한, 대청과 온돌방 사이의 문도 들어 열 수 있게 하여 필요시에는 대청과 온돌방의 구분 없이 별당채 전체를 하나의 큰 공간으로 사용할 수 있게 하였다. 내부공간도 상황에 따라 크게 또는 별도의 두 공간나눔으로 구성한 평면구성이다. 건물의 초석은 4각형의 키가 높은 돌을 사용했는데, 조선 후기의 주택건물에서 많이 볼 수 있는 양식이다. 팔작지붕의 살짝 들어 올린 앙곡이 한국적인 빼어난

미를 보여준다.

동춘당은 굴뚝을 따로 세워 달지 않은 것이 특징이다. 왼쪽 온돌방 아래 초석과 같은 높이로 연기 구멍을 뚫어 놓아 새롭게 보인다. 온돌방과 대청의 전면에는 쪽마루를 깔았으며 온돌방의 벽 아랫부분에는 머름을 대었다. 머름이란 한옥 창호나 문 아래의 문지방으로 안에 있는 사람을 배려한 것이다. 한옥은 높은 기단 위에 있고 머름이 있어서 마당에 있는 사람은 머름 안쪽의 방 상황을 알 수 없다. 머름 아래는 절대적인 사유공간이다. 낮잠을 잘 때도 굳이 창을 닫을 필요가 없어 더운 여름철에 더욱 요긴하다. 또한, 겨울철의 온기가 밖으로 빠져나가는 것을 막는 역할을 하기도 한다.

동춘당은 송준길이 관직에서 물러나 살던 곳이다. 솟을대문을 들어서면 넉넉한 대지 위에 안채와 사랑채, 가묘, 별묘 등이 여유 있는 배치를 하고 있다.

왼쪽_ 천장까지 한지를 바른 종이반자이다.
우물천장으로 마무리한 경우에는 그대로 나뭇결을 볼 수 있게 하는 경우가 많다.
오른쪽_ 무고주 오량가로 웅장한 느낌이 든다.

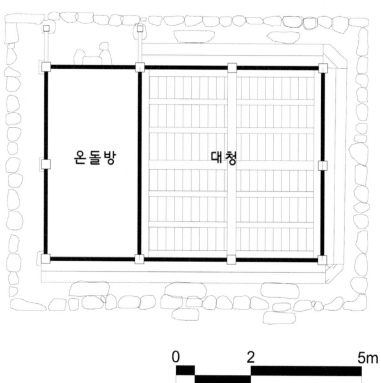

온돌방   대청

0   2   5m

위_ 추녀마루 양쪽의 앙곡으로 집이 안무하는 듯 가벼워 보인다.
아래_ 앞쪽 2칸이 대청이 되고 1칸이 온돌방인데, 대청을
둘러 쪽마루를 깔았다.

1 외벌대 기단과 디딤돌, 쪽마루가 길게 이어졌다.
2 추위를 막기 위하여 문의 앞과 뒤에 한지를 바르기도 한다.
문 전체를 열지 않고 밖을 내다볼 수 있도록 창호 옆에 작은 창을 낸
것으로 눈꼽재기창이다.
3 만살분합문에 여닫이 독창과 눈꼽재기창을 달았다.
문얼굴은 세월에 퇴색했어도 해마다 바르는 한지는 새 옷을 입었다.

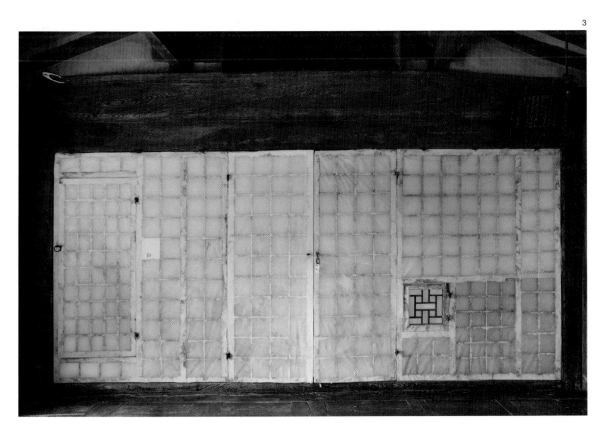

1 2칸 방이니 주안상에 서너 명이 둘러앉으면
빗소리도 낭만의 전주곡이 될 것 같다.
2 영쌍창과 세살청판분합문이다.
채광을 위해 부분적으로 한지를 발랐다.
3 머름의 장식이 돋보인다. 머름은
안에서 팔을 걸쳤을 때 편안한 높이로 한다.
기단 아래에서 보면 상체만 보이도록 하는 높이가
적당한 높이다.

1 쌍창의 고식으로 가운데 문설주를 댄 영쌍창이다.
어느 한 부분 곡선을 들인 곳이 없다. 면의 나눔이 정확하다.
2 마주 보고 만든 작품 같다.
막돌로 기단을 만든 모습과 어울린다.
3 동춘당. 동춘同春은 '살아 움직이는 봄과 같아라.'라는 뜻이다.
송시열의 글씨이다.
4 서까래에 박아 놓은 걸쇠.
5 들어걸개문을 올려 거는 걸쇠로 말발굽처럼 생긴
고리가 달려 있다.
6 판대공에 그려진 문양이 용솟음치는 듯하다.
7 장마루인 쪽마루를 나비장이음 하였다.
8 마루와 마루의 귀틀을 하나의 동바리기둥이 받치고 있다.

1-04. 쌍청당

雙淸堂 │ 대전 대덕구 중리동 71

민가에 단청이 칠해져 있는 보기 드문 별당

회덕懷德은 '덕을 품었다'라는 뜻이다. 고려 태조 때부터 쓰인 고을 이름으로 지금은 대전광역시 대덕구에 속한다. '대덕'은 대전과 회덕에서 한 글자씩 따와 붙인 지명이다.

쌍청당은 조선 전기의 학자인 쌍청당 송유가 지은 별당이다. 건물 이름은 자신의 호인 '쌍청雙淸'을 따다 붙였다. '쌍청'은 "천지 사이에 바람과 달이 가장 맑은데… 연기와 구름이 사방에서 모여들어 천지가 침침하게 가려졌다가도 맑은 바람이 이를 쓸어내고 밝은 달이 공중에 떠오르면 하늘과 땅이 투명하게 맑아져서 털끝만 한 흐트러짐도 없게 된다."라고 한 것처럼 청풍과 명월의 기상을 마음에 담고자 한 것이라고 한다. 조선 세종대인 1432년에 지었다. 뒤로도 여러 차례에 걸쳐 고쳐지었지만, 조선 초기의 건물 모습을 보존하고 있다.

조선 전기의 건축양식을 살펴볼 수 있는 건물로 다른 주택 건축에서는 볼 수 없는 단청이 되어 있어 특이하다. 『경국대전』에 보면 "사찰 이외에 단청을 사용하는 자는 곤장 80대의 형에 처한다."라는 법이 정해지기도 했다. 이 쌍청당은 이미 법령이 정해지기 전에 세웠던 건물이므로 이 규제에서 제외되었을 것으로 본다. 지금의 단청은 다시 칠한 것으로 민가에 이같이 단청이 되어 있는 것은 드문 사례이다.

한국 단청의 문양은 다양한 소재와 상징성이 복합적으로 함축 고안되어 중국, 일본에서는 볼 수 없는 독특하고도 변화무쌍한 문양을 완성하고 있다. 한국 단청에 있어서 머리초의 다양한 형식의 문양은 가장 중요한 장식요소이다. 머리초 문양을 중심으로 주요 문양들을 서로 엮어 연결하여 유기적인 결합을 만든다. 각개의 요소가 단절되지 않고 결합되어 조화를 이루어 부분의 연결이 전체를 완성한다. 한국 단청의 색조는 강한 보색대비와 명도대비를 적절히 구사하여 화려하면서도 명시적 효과가 강한 특색을 자아내고 있다.

쌍청당은 세종 1432년에 지어져 지금까지 7차에 걸쳐 중수되었다. 화강암으로 쌓은 기단 위에 정면 3칸, 측면 2칸으로 오른쪽 2칸은 대청, 왼쪽 1칸은 온돌방이다. 기둥은

모두 네모기둥을 사용하였으며 초익공 계통의 짜임새를 보여주고 있다. 그 북쪽으로 반 칸짜리 달림채를 두고 윗부분은 반침으로, 아래는 함실로 사용하였다. 창방과 문틀 위의 인방과의 사이에 소로를 배치하고 지붕틀 짜임은 앞뒤 평주 위에 대들보를 걸고 그 위에 동자주를 세워 종량을 받쳤다. 대공은 표면에 연화 무늬를 새겨 파련대공의 여음을 남기고 있다. 집 안에는 박연의 제, 김상용의 쌍청당서액, 박팽년과 안평대군 등의 제시 및 기문 등이 남아 있다. 쌍청당의 가치는 구들과 마루가 접합되어 건축 되었으면서도 남방적인 지역성에 적절하게 대응할 수 있도록 고상식으로 꾸민 점에 있다.

별당은 사랑채 기능의 연장으로써 손님맞이, 독서, 한가로운 여유를 즐기기 위하여 짓는 건축물이다. 별당은 집에서는 외부인들이 찾아오는 공간이기도 하지만 지역사회에서 사회, 경제, 문화의 중심지 역할을 한다. 별당은 사대부의 생활을 담은 장소이다. 규모를 크게 하거나 요란한 장식을 하면 어울리지 않는다. 쌍청당 기단은 사괴석을 한 단 쌓아 만들었다. 이렇게 한 단으로 만든 기단을 '외벌대'라한다. 2단이면 '두벌대', 3단이면 '세벌대'다. 기둥 밑에 받치는 초석은 다듬지 않은 자연석을 썼는데 이렇게 막 생긴 초석을 '덤벙주초'라고 부른다. 옛날 목수들은 '그렝이질'이라는 기법으로 막 생긴 초석 위에 기둥을 세운다. 그렝이질로 기둥을 세우면 아무리 울퉁불퉁한 초석이라도 기둥이 짝달라붙는다. 능력 있는 장인의 손길로 만드는 기법이다.

쌍청당을 들어가는 좌측 입구 부분에는 요즘에 지은 안

왼쪽_ 기둥머리에 그려진 주의초 위에 태평화와 매화점 부리초의 모양이 보인다.
오른쪽_ 연화무늬 궁창초이다.

사대부집 35

채가 있다. 안채 앞 사랑채의 당호는 원일당이다. 쌍청당을 들어가려면 원일당 앞을 지나야 하며 옛날에는 이 마을을 윗중리, 백달촌 또는 하송촌이라 불렀고 마을 동쪽은 상송촌으로 동춘당과 고택이 있다. 이 마을 앞의 약간 평평한 곳이 한촌이고 건너편 구릉 쪽으로 홈통골, 납작골이 있었다고 한다. 이름도 재미있고 이름이 주는 의미가 무엇인지 절로 짐작이 간다. 아름답고 흥미로운 이름을 가졌던 마을들은 지금은 모두 사라졌다.

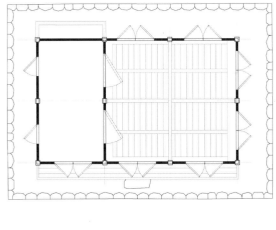

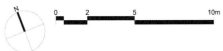

위_'쌍청'은 "천지 사이에 바람과 달이 가장 맑은데… 연기와 구름이 사방에서 모여들어 천지가 침침하게 가려졌다가도 맑은 바람이 이를 쓸어내고 밝은 달이 공중에 떠오르면 하늘과 땅이 투명하게 맑아져서 털끝만 한 흐트러짐도 없게 된다."라는 뜻이다.
아래_ 2칸 측면의 모습이 안정된 구도이다. 숲 속에 자리 잡은 모습이 단정하다.

1 돌도 일반가옥의 경우와는 다르게 장대석으로 기단을 만들었고
디딤돌도 장대석이다.
2 무늬 없이 단색으로 가칠단청한 우리판문이다.
빈틈없이 정제되고 완벽을 기한 장인의 마음이 읽힌다.
3 방과 마루의 모습. 방과 마루를 연결하는 분합문을 들어 상부에 걸면
공간은 하나가 된다.

1 벽과 바닥은 쓰이는 재료에 따라 각기 다른 분위기를 자아낸다.

2 세살청판분합문 문하부 청판에 연꽃의 궁창초를 넣었다.
민가에 단청이 이토록 빛나는 경우는 드물다.

3 쌍청당 편액의 글씨가 단순하면서도 기하학적이다.
평고대 위의 연함連含에 구름모양과 매화꽃을 6개의 점으로 찍은 매화점으로
단청했고 서까래 마구리면은 연꽃무늬의 연화로 단청했다.

4 사당 입구의 문에 태극문양을 그려 넣었다.
일직선으로 오르는 계단이 장대석으로 가파르다.

1   2

3   4

1 추녀 끝을 보호하기 위해 암키와로 막아 놓았다.
양곡과 안허리곡으로 생긴 지붕선이 날렵해 보인다.
2 무고주 5량가로 판대공과 서까래가 어울린
하나의 기하학적 예술작품이다.
3 대공은 표면에 연화 무늬를 새겨 파련대공의 여운을 남기고 있다.
4 눈썹천장에 왕궁에서나 볼 수 있을 정도의 단청이다.
화려하면서도 뛰어난 장인의 솜씨를 보여주고 있다.
5 추녀 끝의 마무리 처리를 토수로 하지 않고 기와로 막았다.
6 귓기둥을 중심으로 모여드는 부재들의 구성이 조화롭다.
단청이 있어 더욱 화려하고 멋스럽다.
7 충량, 눈썹천장, 서까래에 금단청으로 목재가 화사한 옷을 입었다.
단청으로 마무리하여 더욱 빈틈없어 보인다.
8 계풍 안에 기하학적 문양의 금문과 학모양의 별화를 중앙에 넣었다.
9 다른 주택 건축에서는 볼 수 없는 단청이 되어 있어 특이하다.
『경국대전』에 보면 "사찰 이외에 단청을 사용하는 자는 곤장
80대의 형에 처한다."라는 법이 정해지기도 했다.
쌍청당은 단청에 대한 규제 법령이 정해지기 전에 세웠던
건물이므로 이 규제에서 제외되었을 것으로 본다.

1-05. 겸암정사

謙唵精舍 | 경북 안동시 풍천면 광덕리 37

안동에는 겸암이 없으면 서애도 없다

안동에는 겸암이 없으면 서애도 없다는 '무겸암無謙 무서애無西厓'라는 말이 전해져 온다. 겸암은 류성룡의 형인 류운룡의 호이고 서애는 류성룡의 호다. 류운룡이 벼슬에 나서는 것을 마다하고 가정을 지키며 후학을 길러냈기 때문에 서애가 마음껏 정사에 매진할 수 있었다는 뜻이 담겨 있다. 혹자는 류운룡이 높은 관직을 하지 않았을 뿐, 학문적 식견은 서애에게도 뒤지지 않을 만큼 깊어 동생 서애에게 큰 영향을 미쳤다는 의미를 담고 있다고 해석하기도 한다.

겸암정사는 류성룡의 맏형이자 조선 중기의 문신인 류운룡이 학문 연구와 제자 양성을 하기 위해 세운 곳으로 보통 정자와는 달리 서당 구실을 하였다. 정사는 사랑채를 가리키는 말이기도 한데 부용대 남쪽 절벽 위쪽에 자리 잡고 있다. 一자형 바깥채와 ㄱ자형 안채가 함께 있는 구조로, 안채는 바깥채 뒤쪽에 있어 정자의 경관을 해치지 않는다. 안채의 측면과 뒤쪽에는 반달 모양의 담장이 둘러 있다. 담장의 휘어지는 각도와 대지가 낮아지는 것을 잘 담아낸 담이 일품이다. 바깥채는 정자채이고 안채는 살림채이다.

바깥채는 정면 4칸, 측면 2칸이며 가운데에 4칸짜리 대청을 두고 오른쪽과 왼쪽에 방을 마련하였다. 오른쪽 1칸짜리 방 앞에는 대청과 이어진 마루가 역시 1칸이다. 방과 대청의 앞쪽과 옆쪽으로 툇마루를 달고 난간을 설치하였고, 둥근 기둥에 홑처마의 팔작지붕을 얹었다. 안채는 바깥채와 분리되어 있는데 왼쪽부터 부엌 2칸, 안방 3칸, 대청 4칸, 대청 건너 ㄱ자 모서리에 2칸짜리 방이 있고, 그 앞에 같은 크기의 방과 1칸짜리 마루가 있다.

겸암정 현판은 스승인 퇴계 이황 선생께서 쓴 글씨이다. 이황은 제자인 류운룡에게 현판을 써주며 편지를 보내왔다.

聞君構得新齋好 문군구득신재호
欲去同狀恨未如 욕거동장한미여

듣건대 그대가 새집을 잘 지었다는데
가서 같이 하룻밤 보내려 하나 말미를 얻을 수 없어 아쉽네

겸암정사에는 대청도 있고 온돌방도 있다. 이렇게 대청과 온돌방을 둔 것은 이곳에서 잠도 자면서 학문을 논하고 심신을 닦기 위해 정사를 지었음을 말해주는 것으로서, 단지 풍광을 즐기며 소일하기 위해 마련한 일반정자가 아니다. 서당 역할도 하였다. 겸암정사는 부용대 양편에 자리 잡고 있다. 부용대를 하회마을에서 바라보면 왼쪽에 겸암정사가 있고 오른편에는 옥연정사가 있다. 형제의 정사가 부용대와 함께하고 있다. 하회마을은 류성룡과 류운룡을 빼놓고 이야기하기에는 허전하다. 겸암정사와 옥연정사 사이에는 길이 두 개가 나 있다. 형제길이다. 류성룡이 옥연정사에 있다가 집으로 돌아갈 때는 겸암정사를 들르곤 했다 한다. 하나는 부용대를 올라가서 넘어가는 길이고 다른 하나는 부용대 중간으로 절벽을 깎아 만들어진 길이다. 절벽길은 아슬아슬하지만, 안동 하회마을에 들르게 되면 꼭 걸어보라고 권하고 싶은 길이다.

왼쪽 위_ 멀리 보이는 풍경이 안동 하회마을이다.
왼쪽 아래_ 겸암정사는 안채와 바깥사랑채로 구분되어 있다. 사랑채는 누마루 형식으로 하회마을과 낙동강이 내려다보인다.
오른쪽_ 겸암정사 입구 모습. 한 칸의 누마루와 토석담이 어울리는 소박하게 지은 안채의 누이다.

1

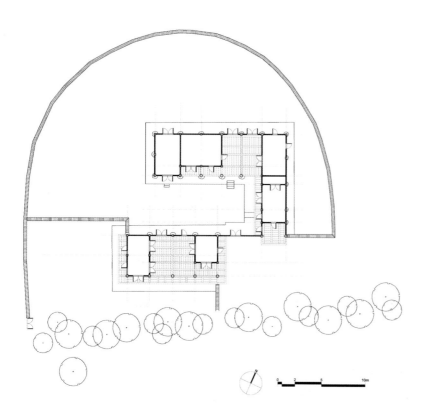

2

3

1 하단에 함실아궁이가 있어 불을 넣게 되어 있다.
2 사랑채에 불을 넣기 위해 마련한 아궁이가 있는 곳으로 들어가는 누문. 누문 사이로 밖을 내다본 풍경이다.
3 겸암정사 측면으로 홑처마에 팔작지붕이다.

1 겸암정사로 들고나는 입구 모습으로 계단과 담장이 하나의 풍경이 된다.
2 안채로 들어가는 사주문이다. 입구에서부터 안채와 사랑채가 분리되어 있다.
3 망와의 모습. 꽃 밑으로 삼각형의 변화가 주목된다.
회전하는 모습을 표현한 것인지 장인의 마음을 다 읽을 수 없다.

1

2

3

1 대청과 방을 소통하게 하는 들어걸개 분합문이다.
2 겸암정사에는 대청도 있고 온돌방도 있다. 이렇게 대청과 온돌방을 둔 것은
이곳에서 잠도 자면서 학문을 논하고 심신을 닦기 위한 것이다.
3 겸암정사 현판은 스승인 퇴계 이황이 쓴 글씨이다.
직접 와서 새로 지은 집을 보지 못함을 애석해하는 편지를 보내기도 했다.

1 부용대를 중심으로 양쪽에 겸암정사와 옥연정사가 있다.
두 정사 사이에 가파르고 험한 길이 나 있다.
두 사람이 오가던 길이라 하여 형제길이라고도 한다.
2 와편담장과 일각문.
3 뒤뜰에 있는 와적담장의 모습이다.
4 안채에 지어진 초가. 살림살이와 장독대가 마련되어 있다.
5 겸암정사의 측면 담장으로 진흙과 자연석으로 지형에 따라
단을 내려 쌓은 토석담이다.
6 새로 만든 와편굴뚝. 기와로 격식을 갖춰 만들었다.
7 와편담장에 암키와로 큰 원을 수키와로 작은 원을 만들었다.

1-06. 농암종택 긍구당

聾巖宗宅 肯構堂 ｜ 경북 안동시 도산면 운곡리 168-3

집안의 보물로 긍구당에 500년 동안이나 보관해 온『훈민정음 해례본』

1976년 안동댐 건설로 원래 종택이 있던 분천마을이 수몰되었다. 안동의 이곳저곳으로 흩어져서 세워져 있던 종택과 사당, 긍구당을 영천 이씨 문중의 종손 이성원이 1975년에 한곳으로 옮겨 놓았다. 농암종택은 조선시대 문학의 한 축을 이루는 농암 이현보의 호를 딴 종택이다. 경관이 수려하다는 말을 종종 하지만 농암종택은 풍광이 수려하다는 말이 과장이 아니다. 오지 중의 오지에 있지만 물과 산이 어우러진 절경에 자리 잡고 있어 자연경관으로는 그만이다.

농암종택은 낙동강 상류 청량산 자락, 안동시 도산면 가송리에 있다. 가송리는 그 이름인 '가송佳松'처럼 아름다운 소나무가 있는 마을로 산촌과 강촌의 정경을 만끽할 수 있는 서정적이고 목가적인 마을이다. 가송리는 청량산과 더불어 가송리의 협곡을 끼고 흐르는 낙동강 1,400리 가운데 가장 아름다운 모습을 보이는 마을이다. 앞에는 강과 단애, 그리고 은빛 모래사장의 강변이 매우 조화롭게 어울려 있다. 600여 년 전통의 농암종택과 유적들은 선생의 '강호 문학'의 한 면을 볼 수 있는 곳이다.

농암에 올라보니 노안이 더욱 밝아지는구나
인간사 변한들 산천이야 변할까
바위 앞 저 산 저 언덕 어제 본 듯하여라

농암종택은 이현보가 태어나고 성장한 집이며, 직계자손들이 650여 년을 대를 이어 살아오는 집이다. 최초 이 집을 지은 사람은 영천 이씨 안동입향조 이헌으로, 이현보의 고조부이다. 이현보가 '불천위不遷位'로 모셔져 '농암종택'으로 부른다. 농암종택 사랑마루에는 선조임금이 농암 가문에 내린 '적선積善'이란 어필이 걸려 있다. 크기가 무려 1m나 된다. 이현보의 아들 이숙량이 벼슬을 받아 선조에게 나아가 인사드리자 "너의 집은 적선지가積善之家가 아니냐?"라며 즉석에서 써서 하사했다 한다.

농암종택은 2,000여 평의 대지 위에 사당, 안채, 사랑채, 별채, 문간채로 구성된 본채와 긍구당, 명농당 등의 별당으로 구성되어 있다. 긍구당은 1350년 이헌이 지은 건물로 훗날 이현보의 아들 이문량이 낡은 건물을 다시 고쳐 지은 것이며, 명농당은 1501년 이현보가 44세 때 귀향하며 지은 집이다. 농암종택에서도 긍구당은 더욱 빛나는 존재로 정자 같은 별당인데, 독립된 곳에 지어져 뛰어난 풍광을 바라볼 수도 있어 조그만 정자를 연상하기에 무리가 없다. 하지만, 긍구당은 정자가 아니고 앞서 말했다시피 조선 중기 문신 이현보의 종가 별당이다. 경치가 뛰어난 곳에 자리 잡은 종가에서도 긍구당은 경관을 바라볼 수 있는 중심에 있다.

'긍구당'은 서경에서 따온 구절로, 조상의 업적을 길이 이어받으라는 뜻이며 현판은 신잠이 썼다. 휘어지고 틀어지는 독특한 글씨체가 시선을 잡는다. 글씨가 가진 멋이 정자의 품위를 더한다. 글씨체를 보면서 예술은 틀을 부수는 작업이라는 생각을 다시금 하게 된다. 긍구당은 정면 3칸, 측면 2칸 반 규모의 'ㄴ'자형의 팔작지붕이다. 단출하면서도 작은 건물 하나가 전체의 중심에 앉아 있어 강한 쏠림현상을 만나게 된다. 종가 전체가 긍구당의 멋을 위해 존재하는 듯한 착각에 사로잡히게 된다. 안에 들어가서 차 한 잔을 마시며 세상의 중심이 이곳이로구나 하는 기쁨을 누리게 된다. 취재차 갔다가 그곳에서 3일을 묵은 부부를 만났다. 그분들 덕분에 긍구당 안에서 차를 마시는 호사를 누렸던 기억이 새롭다. 정자가 아닌 별당이지만 정자가 가진 여유와 풍류는 이러한 것이라는 것을 새삼 깨우쳤다. 이현보가 오랜 벼슬살이를 마치고 고향에 내려와 지었다는 '농암 바위에 올라보니 노안이 유명이로다.'라는 시조 구절이 가슴에 절로 와 닿게 하는 집이다. 청량산과 건지산, 강 모래톱을 끼고 흐르는 물이 몸을 틀어 흘러내려 가는 이곳은 절경이다.

농암종택이 간직한 비밀스런 사연은 훈민정음 해례본을 집안의 보물로 보관해 왔었다는 것이다. 새로운 학설로 지금까지의 설과는 다른 주장이다.『훈민정음 해례본』의 유출 과정 연구 논문을 발표한 박종덕 교수는 농암종택에 집안의 보물로 500년 동안이나 보관해 오던 것이 유출된 것을 논문으로 발표하여 증명되었다고 한다. 지금은 간송미

왼쪽 위_ 청량산과 낙동강 상류에 있는 분강촌에 농암종택이 자리 잡고 있다.
우리의 최대 보물인 한글의 원본인『훈민정음 해례본』은 농암종택에서 대대로 내려오던 가보였다고 한다.
왼쪽 아래_ 기단 위에 기단을 들여쌓고 돌담을 앉히고 그 위에 긍구당을 지었다. 난간에 기대어 밖을 내다보면 낙동강 상류 시내가 환하다.

술관에 보관되어 있다. 긍구당이 진정 보관의 산실이라면 농암종택을 역사적인 장소로 지정하여 관리해야 한다고 박종덕 교수는 아래와 같이 주장한다.

훈민정음 해례본의 출처인 긍구당가를 세계문화유산 훈민정음 마을로 지정해야 한다는 것을 나는 이미 한민족문화학회에서 발표한 바가 있다. 긍구당은 세계문화유산 훈민정음 마을이 되어야 한다. 이에 대한 구상은 이미 대부분 마친 상태이다. 지금은 학계 및 관계의 여러 전문가와 깊이 있는 의견을 나누는 과정에 있다. 조만간 실현 가능한 계획이 나올 것이다.

1 긍구당의 측면 모습으로 정면 3칸, 측면 2칸 반 규모의 ㄴ자형의 팔작지붕이다.
2 긍구당은 농암종택의 중심은 아니지만, 풍경의 가운데 자리 잡는다.
한옥체험을 할 수 있도록 운영하고 있다.
3 안동댐의 수몰로 이곳으로 옮겨와 지었다. 기단을 높게 조성하여 시원해 보인다.
농암종택은 이현보가 태어나고 자란 곳이다.
4 긍구당. 글씨가 긍구당을 더욱 빛내는 한 요소이기도 하다. 계곡물이 휘어져 흘러가듯 글씨가 유연하고 여유가 있다.

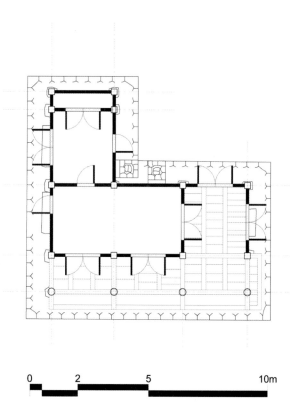

0   2   5   10m

1 담장 밖에서 긍구당을 바라본 모습. 몸의 반을 담장 밖으로 내놓아 안과 밖이 따로 없음을 보여준다.
2 더운 여름에 긍구당에 앉아 산바람 강바람을 맞으며 차를 한 잔 마시는 기분은 여간 흐뭇한 일이 아니다.
3 긍구당은 650여 년의 고택에서 잠을 청할 기회를 얻을 수 있는 드문 곳이다.
예약이 한참 밀려 있을 만큼 풍취를 아는 사람들이 찾아오는 명소다.
4 낙동강 상류지역으로 풍광이 뛰어나기로 유명한 곳이다.
조금만 걸어가면 애일당이 나오는데 이곳에서 낙동강 상류의 깊은 맛을 보는 것도 색다른 기회.
5 문얼굴 사이로 보이는 강가의 풍경이다.
직접 보면 풍경 왼쪽으로 펼쳐지는 단애의 절벽이 일품이다.
6 여닫이 세살 독창과 와편굴뚝.
7 천장구성이 복잡해져 미관상 안 좋은 부분에 우물반자 모양의 눈썹천장을 만들어 치장한다.

1-07. 옥연정사

玉淵精舍 | 경북 안동시 풍천면 광덕리 20

『징비록』의 산실이 옥연정사이며 그 구체적인 장소가 사랑채인 원락재다

옥연정사는 서애西厓 류성룡柳成龍이 거처하던 가옥으로 대가족 살림과 사당이 있는 종택과 달리 서애 선생의 학문과 만남의 독립공간이라 할 수 있다. 옥연정사는 임진왜란을 겪은 류성룡의 삶과 생각, 말년의 인생이 배어 있는 곳이다. 서애 선생이 가난하여 집 지을 돈을 마련하지 못하고 있을 때, 탄홍 스님이 그 뜻을 알고 곡식과 포목을 시주하여 재원을 마련하고 건축을 맡아 1576년 집을 짓기 시작하여 10년 만에 완공했다. 1605년 낙동강 대홍수로 하회의 살림집 삼간초옥을 잃고 이곳에 은거하였다.

중년에 망령되게도 벼슬길에 나아가 명예와 이욕을 다투는 마당에서 골몰하기를 20년이 되었다. 발을 들고 손을 놀릴 때마다 부딪칠 뿐이었으니, 당시에는 크게 답답하고 슬퍼하면서 이곳의 무성한 숲, 우거진 덤불의 즐거움을 생각하지 않을 때가 없었다.… 고라니의 성품은 산야에 알맞지 성시城市에 맞는 동물은 아니다.

이 집에 대한 생각을 「옥연서당기」에 남긴 글인데 임진왜란과 절대적 왕조의 권력 다툼 사이에서 심한 시달림을 겪은 한 인간의 고뇌가 엿보인다.

옥연정사는 문간채·사랑채·안채·별당까지 두루 갖추고 있으며, 화천이 마을을 시계 방향으로 휘감아 돌다가 반대 방향으로 바꾸는 옥소玉沼의 남쪽에 있다. 소의 맑고 푸른 물빛을 따서 옥연정사라고 부른다. 문간채는 왼쪽 남쪽부터 차례로 측간과 대문을 두고 대문 오른쪽에 광을 3칸이나 둔 一자형이다. 사랑채는 정면 4칸, 측면 2칸의 건물로 정사각형의 4칸짜리 대청의 오른쪽·왼쪽으로 1칸 반의 방을 두어 대칭을 이루고 있다. 안채는 8칸 겹집형식으로 부엌이 중앙에 있고 방이 부엌을 중심으로 가로·세로 2칸씩 좌우에 배치되어 있다. 별당채는 사랑채와 안채 사이에 있는데 정면 3칸, 측면 2칸으로 서쪽 모서리에 2칸 반의 방이 하나 있고 나머지는 마루로 되어 있다.

사랑채인 서당채의 이름이 세심재洗心齋이다. 감록헌 마

루를 가운데로 두고 좌우 방 1칸 반이 있으며 류성룡이 서당으로 쓰던 곳이다. 별당은 먼 곳에 있는 친구의 내방을 즐거워한다는 뜻으로 원락재遠樂齋라 하였는데, 류성룡은 이 방에 기거하며 『징비록』을 저술했다. 선조 32년, 1599년에 관직에서 물러나 하회로 돌아온 서애 선생은 전란 중 겪은 성패의 자취를 반성하고 고찰하는 기록을 소상하게 남겨 뒷날 다시는 이러한 일이 없도록 대비했다. 시경에 "내 다친 바가 있어 경계할 줄 알았는지라, 훗날의 걱정을 삼갈까.(予其懲, 而毖後患)"라는 구절을 빌려 『징비록懲毖錄』으로 명명하고 16권으로 정리했다. 『징비록』의 산실이 바로 옥연정사이며 그 구체적인 장소가 별당인 원락재이다.

류성룡이 옥연정사를 짓고 나서 스스로 지은 「옥연서당기玉淵書堂記」에 그의 마음과 위치가 잘 나타나 있다. 후손인 류영일이 번역한 내용을 원문은 훼손하지 않고 현대문으로 일부 수정하여 옮긴다.

나는 이미 원지정사를 지어 놓았으나 마을이 멀지 않아 그윽한 맛을 누리기에는 만족스럽지 못하고 아쉬움이 있었다. 북쪽으로 소沼를 건너 돌벼랑 동쪽으로 기이한 터를 잡았다. 앞으로는 호수의 풍광을 지녔고 뒤로는 높다란 언덕에 기대었으며 오른쪽에는 붉은 벼랑이 치솟고 왼쪽으로는 흰 모래가 띠를 두른 듯했다. 남쪽으로 바라보면, 뭇 봉우리들이 들쭉날쭉 섞여 서서 마치 두 손을 맞잡고 절하는 형상이 한 폭의 그림이다. 어촌 두어 집이 나무숲 사이 강물에 어리어 아른거린다.

왼쪽_ 류성룡이 이 문을 통해서 부용대를 거쳐 형이 있는 겸암정사로 다니던 길이다. 류성룡은 옥연정사에 있다가 집으로 갈 때는 겸암정사를 들러서 갔다고 한다.
오른쪽_ 옥연정사는 류성룡이 벼슬을 그만두고 돌아온 말년의 거처였다. 류성룡은 이 집을 옥연서당이라 하였다.

사대부집 51

화산은 북쪽에서 달려오다가 남쪽의 강을 대하고 멈추어 섰다. 달이 동쪽의 산봉우리에서 떠오를 때 차가운 산 그림자는 반쯤 거꾸로 호수에 드리워지는데, 물결 한 점 일지 않는 잔잔한 강물에 금빛 달그림자까지 담긴 듯한 광경이야말로 매우 볼만하다.

인가와 그리 멀리 떨어지지 않았으나 앞에 깊은 소가 있어 사람이 오고자 해도 배가 없으면 올 수가 없다. 그래서 배를 북쪽 기슭에 매어두면 사람들이 와서 모래사장에 앉아 이쪽을 향해 소리쳐 부르다가 오래도록 대답이 없으면 스스로 돌아가곤 하였다. 이 또한 세상을 피해 그윽이 들어앉아 사는 일에 한 가지 도움이 된다. 나는 이것을 마음속으로 좋아하여 조그마한 집을 지어서 늙도록 조용히 거처할 곳으로 삼고자 하였으나 집이 가난하여 도무지 계획을 세울 수가 없었다. 마침 탄홍이란 스님이 집짓기를 주관하고 곡식과 베를 내어놓아 일을 시작한 1576년으로부터 10년이 지난 1586년에 겨우 깃들고 쉴 만해졌다.

위_ 옥연정사는 문간채·사랑채·안채·별당까지 두루 갖추고 있으며, 세로축으로 집이 지어지지 않고 지형을 살려 가로축으로 지어져 협문도 가로축선상에 있다.

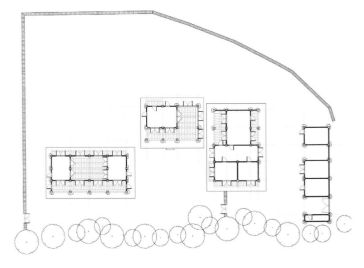

위_ 2칸의 대청마루를 감록헌이라 부르고, "우러러 푸른 하늘을 바라보며 아래로는 푸른 물굽이 바라보네."라는 시어에서 따온 것이라고 직접 기술하고 있다. 오른쪽 아래에는 기단굴뚝이 보인다.
아래_ 정면 4칸, 측면 2칸의 사랑채를 세심재라 지었다. "여기에 마음을 두어 만에 하나라도 이루기를 바란다."라는 뜻을 담고 있다.

1 광풍제월이란 편액이 마루 한복판에
자리 잡고 있다.
비가 갠 뒤의 바람과 달처럼 마음이
명쾌하고 집착이 없으며 시원하고 깨끗한
인품을 뜻하는 말이다.
2 분합문을 들어 올려 툇마루의
우물마루와 함께 훤하다.
3 옥연서당이 집의 당호이고,
광풍제월은 마루 한복판에 걸려 있는데
주인의 바람이다.

1

2

3

1 낮은 담을 통해서 하회마을의 전경이 펼쳐진다.
여름날에 소나무가 의연하고 큰 그림자를 드리운다.
2 부용대에서 옥연정사로 들고나는 사주문이다.
3 측간이 담장에 옹색하게 걸터앉았다.
4 옥연정사 담장. 경사를 그대로 이용해 토석담을 쌓았다.
5 기와지붕에 와송이 피었다.
6 류성룡은 굳이 서당이라는 편액을 걸었다.

1-08. 원지정사 遠志精舍 | 경북 안동시 풍천면 하회리 712-1

고요히 앉아 책 읽는 재미로 유장하여라

원지정사는 류성룡이 젊은 날에 5칸으로 지은 작은 정자다. 35세 무렵 원지정사와 연좌루를 지어 틈틈이 이곳에서 학문과 저술에 힘썼다. 같은 담장 안에 있는 연좌루와 원지정사는 류성룡이 고향에 내려오면 고요히 머물면서 학문과 국정을 사색했던 특별한 곳이다. 연보에 의하면 서애는 본래 30세 무렵 낙동강 서쪽 물가(西厓)에 서당을 지으려고 했으나 터가 좁아 실현치 못했다. 이로써 자호를 서애西厓라 하고 그곳 물가 언덕을 상봉대翔鳳臺라 이름 하였다.

원지정사는 류성룡이 아버지가 돌아가시자 고향으로 돌아와 지은 것으로 자신이 병이 났을 때 요양하던 곳이다. 조선 선조 6년, 1573년에 지었다고 하며 북촌의 북쪽에 강을 향해 정사와 누정이 자리 잡고 있다. 원지정사와 연좌루는 부용대와 마주 보고 있어 시야 가득 부용대의 깎아지른 절벽의 절경이 그대로 들어온다. 부용대는 원지정사가 있어 아름답고, 원지정사는 부용대로 해서 빛나는 아름다움을 가지게 된다. 원지정사가 임란 때 불타면서 소장도서가 다 소실되고 왕양명 문집 등 몇 권만 남았다고 서애가 쓴 「서양명집후」에 전한다.

서애가 직접 남긴 원지정사 기문에는 "정사를 북림에 지으니 무릇 오 칸 집이다. … 편액의 이름을 원지遠志라 하니 객들이 내게 그 뜻을 물었다. 나는 이렇게 대답하였다. 원지는 본래 약초이름으로 일명 소초小草라고도 한다. 옛날 진나라 사람이 사안에게 묻기를 '원지와 소초는 하나의 물건인데 어찌 두 가지 이름인가?' 하니, 어떤 이가 답하기를 '산중에 처해 있을 땐 원지라고 하고 세상에 나오면 소초라고 한다.'라고 하니 대답을 못한 사안은 부끄러운 빛을 나타냈다. 나는 산중에 있을 때도 진실로 원대한 뜻(遠志)이 없었고 세상에 나와서는 소초小草밖에 되지 않았으니 이와 서로 닮은꼴이다. 이러한 것을 담아 그 뜻을 따왔다."라고 적고 있다. 류성룡의 시 한 수 내려놓는다.

門掩蒼苔竹映堂 문엄창태죽영당
栗花香動吾風凉 율화향동오풍량

人間至樂無他事 인간지락무타사
靜坐看書一昧長 정좌간서일미장
문에는 푸른 이끼 덮였고 대나무 그림자 마루에 비치는데
밤꽃 향기 한낮의 서늘한 바람에 움직이네
인간의 지극한 즐거움 별 것 없으니
고요히 앉아 책 읽는 재미 가장 유장하네

정사는 정면 3칸, 측면 1칸 반 크기로 지붕은 측면에서 볼 때 '사람 인人'자 모양인 맞배지붕이다. 왼쪽 끝 칸에 대청을 두고 나머지 2칸은 온돌방을 두었으며, 앞쪽으로는 반 칸짜리 툇마루를 설치하였다. 누마루 사방에는 난간을 둘렀으며 강가의 소나무 숲과 강 건너편 부용대, 옥연정사 일대가 바라다보이며, 류성룡 선생이 벼슬을 그만두고 은거할 때 자주 쓰던 별장이다.

연좌루는 장대석을 기단부로 하여 막돌 초석을 놓고 1층은 다각기둥, 2층은 둥근기둥을 세웠으며 홑처마에 팔작지

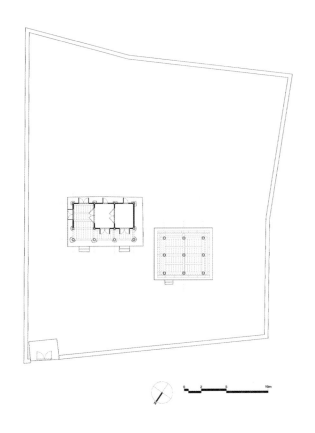

위쪽_ 아담하고 조촐한 집이다. 두 칸의 방과 한 칸 마루로 된 3칸 맞배지붕이다.
아래쪽_ 방에서 내다보면 문얼굴 사이로 정면에 부용대가 들어온다. 멋진 부용대의 깎아지른 절벽이 한 폭의 산수화를 보는 듯한 착각을 불러일으킨다.

사대부집 57

봉을 얹었다. 팔작지붕과 추녀 끝의 곡선이 제비를 연상하게 하여 연좌루燕座樓라고 부른다. 류성룡의 기문에 의하면 연좌는 '편안하게 앉아 있다. 고요히 앉아 마음을 존하다.'라는 예기의 뜻을 따왔다고 한다.

안동 하회마을은 류성룡의 흔적이 곳곳에 남아 있다. 옥연정사가 류성룡 말년의 공간이라면 원지정사는 혈기왕성한 35세 즈음의 공간이다. 원지정사가 지어지고 나서 대략 16년 후에 임진왜란이 일어난다. 이 기간은 류성룡 출세의 기간이었다. 세상으로 나아가 뜻을 펼치고 입신을 하던 시기의 공간으로 하회마을 바깥쪽에 자리 잡고 있으며 부용대가 중심에 보이는 곳에 있다. 옥연정사가 조용하고 은둔을 염두에 둔 장소라면, 원지정사는 정자도 있고 청년의 내세우고 싶은 혈기가 보이는 열린 공간이다.

1

2

1 누마루로 되어 있으며
나무계단으로 올라가게 되어 있다.
2 툇마루에서 누를 바라본 모습.
3 방의 천장은 종이로 마감하는
종이반자가 일반적이다.
4 마루를 통해 방과 방이 이어진다.
방은 작으나 들어가 앉아 있으면 한옥은
생각보다 시원하고 바람 길을
열어놓아 상쾌하다.

3

4

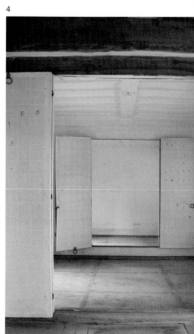

1 방 옆으로 마루를 내었다. 문을 열면 삼면이 확 트인다.
2 한지는 한옥에서 은은한 멋을 주는 빛이며 마감이다.
3 원지정사는 류성룡이 젊은 시절 완성한 집이다.
4 1고주 오량가로 판대공을 설치했다.
5 누로 오르는 계단을 나무로 만들었다.
6 원지정사 대문. 대문이 그리 크지 않고 담담하다.

2

정자와 누

정자와 누는 한민족의 문화공간이고 사교장이며 교육장소였다

정자亭子와 누樓는 다 같이 인위적인 구조물로 우리 민족에게 자연경관 감상과 휴식을 주된 목적으로 지어진 목조건물이다. 때로는 교육장소로서 서당 역할을 하기도 했다. 정자와 누는 비슷한 용도와 장소에 지어졌지만 조금은 다르고 의미도 약간의 차이가 있다. 우선 공통점은 휴식과 자연감상을 즐기며 문화적인 교류를 하던 곳이라는 점이다. 다 같이 산과 물이 있고 경치가 좋은 곳에 자리 잡고 있다. 이곳을 이용하는 계층은 사대부들로 양반이라는 상류계층이었으므로 주로 남자의 공간이었고, 여자는 기생 정도만이 출입이 허용된 다소 비밀스럽기도 한 면도 있었다. 처음 지어질 때에는 지은 사람의 철학과 사상이 담겨 있어 역사성을 담은 이름을 붙였다. 때론 의미 있는 이름을 스승이나 왕이 지어주기도 하고 친분이 있는 사람이 지어주기도 했다. 공동의 이용 장소였지만 건축물의 주인 되는 사람과의 관계가 깊은 사람들의 공간이라는 데서 극히 개인적인 공간의 건물이었다.

누樓는 중첩해 올린 집을 의미하는데 다락처럼 높게 만든 누마루를 주로 설치했다. 누마루는 양반집의 사랑채에 주로 설치했는데, 보통 기본 평면에서 튀어나오게 한 뒤 그 밑에 기둥을 세운다. 또한, 대청이나 방보다 바닥면을 더 높게 해서 권위를 높이고 집 안의 남자 주인이 학문하거나 휴식을 취하고, 손님을 상대하던 장소로 이용했다. 정자와 누를 하나의 분류로 삼은 것은 편의상 분류다. 누는 마루로만 구성되는 경우가 많고 온돌방이 있는 예도 있다. 보조건물을 두어 음식을 준비하거나 아궁이를 만들어 난방하거나 독립적으로 단일건물만 있는 것도 있다.

정자亭子는 벽이 없이 기둥과 지붕만 있고 경치가 좋은 곳에 놀거나 쉬기 위하여 지은 집으로 독립공간이다. 살림집 본채와 떨어져 경치 좋은 곳에 별서의 개념으로 지은 작은 규모의 살림채인 정사精舍 보다는 집단 거주 지역에서 떨어진 곳에 많이 자리 잡고 있다. 정사라고 하면 정자를 포함할 수 있지만, 정자는 부속건물을 포함하지 않는 독립건물로 지어진 것이 일반적이었다. 정사와 정자는 정확한 구분 없이 혼재해서 사용하는 것이 현실이고, 서로 간의 영역을 침범하고 있어 정확한 구분은 사실 어렵다. 그렇다고

같은 의미가 있는 것은 아니다. 분명한 것은 변별력은 있지만, 혼용의 흔적이 강하다. 하지만, 어디에 어떤 용도로 지어졌는지 이름 붙여진 내력이 무엇인지에 따라 누정은 저마다 개성과 매력을 갖는다. 산수를 울타리 삼고, 구름을 병풍 삼은 자연 속의 누정부터 개인의 별서정원이나 사찰, 궁궐에 있는 누정까지 누는 저마다 풍경 속에서 선비들이 휴식을 취하고 마음을 다스리는 공간이 되었다.

정자와 누는 선비들의 생활에서 떼어놓을 수 없는 공간이었다. 세상으로 나아가기 전에는 준비하는 공간으로, 세상으로 나아가서는 사교공간으로, 관직을 그만두고 돌아와서는 후진을 가르치는 교육공간이었다. 한마디로 정자는 선비들의 종합적인 생활공간이면서 출세를 위한 사교장이었고 서민과는 동떨어진 그들만의 공간이었다. 시와 풍류가 함께하면서 욕망을 실현하기 위한 장소이기도 했고, 때로는 욕망의 분출장소이기도 했다.

누정에 올라 새소리, 물소리, 바람과 벗하고 시간으로부터 관조하는 자세를 가지려 했다. 또한, 세상으로부터 거리를 유지하고 한가한 삶을 동경하기도 했지만, 결국 그들의 관심은 저잣거리였고 권력의 투쟁장소였던 조정이었다. 하지만, 선비들은 정자에서 머무는 기간은 달을 벗 삼고 산림에 젖는 여유를 즐겼다. 누정은 선비들이 자연을 벗 삼아 번잡한 마음자리를 다스리고 새로운 활력을 불어넣었던 공간이라는 점에서 주목할 공간이다. 사대부들의 삶의 질을 높이는 공간이었고 대자연과의 통섭의 자리였다. 우주 자연의 이치와 인간의 본성을 찾는 사유의 공간이기도 했다.

위_ 봉화 닭실마을 청암정. 숲과 물이 조화롭게 만나는 장소에 청암정이 있다.
아래_ 강릉 활래정. 사대부들은 정자를 출세를 위한 준비공간으로 사용하고, 출세 중에는 유락과 사교의 장으로 이용했다. 출세에서 돌아와서는 휴식과 교육공간으로 이용했다.

위_ 경주 양동마을 심수정. 내려다보면 주변풍경이 그대로 들어온다. 안과 밖이 따로 없다. 누마루는 대문으로 들어가면 왼쪽에 있다.
아래_ 담양 명옥헌 원림 후면. 정자는 사교의 장소이면서 교육의 장소였기 때문에 찾아오는 사람이나 주인의 철학과 들어맞는 시를 적어놓거나 건물의 지은 연도와 사유를 적어놓기도 했다.

1 삼척 죽서루. 단애의 절벽에 지어진 죽서루는 검은 대나무 숲에서 서쪽에 있다고 해 붙여진 이름이다.
2 강릉 해운정. 기단을 안으로 들여가며 쌓아 안정감이 든다. 방과 마루를 겸하여 지어져 사계절 모두 이용할 수 있게 했다.
3 국민대 명원민속관 녹약정. 두 발을 담근 녹약정은 겹벚꽃으로 환하다. 겨울을 견딘 꽃의 만개는 축제다.

1 보성 강골마을 열화당. 단을 낮추면서 건물을 지었다.
활주와 누 밑의 누하주도 높이가 다르고 초석의 모양도 다르다.
2 포항 용계정. 은행나무와 다른 고목들이 이 지역을 지배하고 있다.
지배하면서 즐거움을 주는 것이 자연이다.
3 담양 면앙정. 송순 문학의 산실이다.
처음에는 초가로 지어졌다고 하는데 후학들의 지원으로 호사를 누렸다.
4 거창 관수루. 바위를 초석 삼은 추녀를 받치는 활주와 누상주, 누하주가 주목된다.
산의 정상이나 중턱에 지을 때에는 아래 풍경이 한눈에 들어오는 곳에 지었다.
5 김천 방초정. 벌판과 마을의 중간에 있어 들판이 시원하게 바라다보이며
마을의 입구이기도 하다.
6 합천 호연정. 나무를 껍질과 큰 가지만 정리해 그대로 사용한
용트림하는 충량에서 자연주의 사상을 엿볼 수 있다.

2-01. 해운정

海雲亭 | 강원 강릉시 운정동 256

서까래 끝의 걸쇠에 매달려 자연과 적극적인 교감을 나누는 대청의 세살분합문

강릉은 조금만 발품을 팔면 어디에서나 바다가 보인다. 마당에서도 바다가 보이는 곳이 강릉이다. 하늘과 바다를 한눈에 담고 살아가는 강릉 사람들은 복 받은 사람들이다. 뒤로는 백두대간이 떡 버티고 서 있고 등을 돌리면 다시 바다가 세상의 길을 열어놓은 곳이다.

해운정海雲亭은 바다에 구름이 낀 모습을 볼 수 있다는 정자라는 뜻을 내포하고 있다. 조선 상류주택의 별당 건물로 경포호가 멀리 바라보이는 곳에 있으며, 조선 중종 25년인 1530년에 어촌 심언광이 강원도 관찰사로 있을 때 지은 것으로 전한다. 고기잡이 어부들이 사는 마을이란 뜻의 어촌漁村이란 호를 가진 사람답게 별당의 이름도 '바다 위에 뜬구름'이다. 심언광은 조선 중종 대에 진사가 되고 나서 여러 벼슬을 두루 거쳤다. 문장에도 뛰어난 조선 중기 강릉이 낳은 대표적인 문신으로 이름이 드높았다. 언관을 역임하면서 국방문제의 중요성을 제기하였고, 국가기강의 확립을 위해 노력하였다.

해운정은 3단으로 쌓은 축대를 쌓은 그 위에 지어 키가 훤칠해 보인다. 남향으로 지었는데, 규모는 정면 3칸, 측면 2칸으로 안쪽의 오른쪽 2칸은 대청이며 왼쪽 1칸은 온돌방이다. 지붕은 측면에서 볼 때 사람 인人자 모양의 팔작지붕으로 꾸몄고, 대청 정면에는 문을 달아 모두 열 수 있게 하였다. 안과 밖의 구별 없이 바람이 드나들고 풍경은 안으로 들어간다. 밖에서 보면 사람이 안에 든 것인지 정자가 풍경이 된 것인지 분간하기 어렵다. 한국의 정자는 공존의 틀 안에서 만나고 헤어진다. 건물 주위에는 쪽마루를 둘러놓아 이곳에 앉아 낙숫물 소리를 들으며 비 내리는 풍경을 바라보면 자연과 더불어 사는 맛이 바로 이것이로구나 하는 생각에 젖어들 것이다.

건물 앞에 걸린 '해운정'이라는 현판은 송시열의 글씨이며, 안에는 권진응, 율곡 이이 등 당대 유명한 사람들의 글이 걸려 있다. 심언광이 죽은 아내를 생각하며 지은 시詩는 절절하다.

夢亡妻 몽망처	죽은 아내를 꿈꾸다
十口常資二頃田 십구상자이경전	열 식구 두 뙈기에 의지해 사니
貧家生理賴妻賢 빈가생리뢰처현	가난한 살림을 아내에 의지했네
艱辛契活曾三紀 간신계활증삼기	맵고 힘들게 살기를 서른여섯 해
榮顯功名僅數年 영현공명근수년	공명을 누린 지는 겨우 몇 해뿐
自謂與君同白首 자위여군동백수	흰머리 되도록 함께 살자 하더니
何先棄我落黃泉 하선기아락황천	날 두고 어이 먼저 천국 가셨나
魂來不覺冥途隔 혼래불각명도격	넋이 오니 저승길 막힌 줄 모르고
夢裏溫巾尙宛然 몽리기건상완연	꿈속에선 평소 모습 그대로여라

해운정은 초익공 양식의 오량가로 지어진 팔작지붕으로 외부는 소박한 모양을 하였으나, 내부는 비교적 세련된 조각으로 장식한 조선 상류가옥의 별당형식의 정자 건축에 속하는 목조건물로 강릉지방에서는 오죽헌 다음으로 오래된 건물이다. 전체적인 형식은 양반가옥의 틀을 따르고 있으나 고방의 구성, 마루의 형식 등은 민가형식의 양식을 들여놓았다. 대청 정면에는 세살문을 달고 그 위에 눈 모양의 머름청판을 끼워 넣었다. 대청의 세살문은 분합문으로서 서까래 끝에 달린 걸쇠에 매달 수 있게 하여 자연과 적극적인 교감을 할 수 있도록 했다. 천장은 서까래가 그대로 보이는 연등천장으로 번잡하지 않은 조선 전기의 단정한 맛을 느낄 수 있는 건물이다.

왼쪽_ 무고주 오량가로 복잡한 가구구성을 가만히 살피면서 하중의 이동경로를 살펴보는 것도 재미있는 일이다. 주인이 문인인 까닭에 시문의 편액들이 가득하다.
오른쪽_ 대문과 본채 모두 좌우 대칭을 하고 있는 집이다. 질서를 중시한 느낌이다.

위_ 경사면을 따라 곧게 이어진 돌담과 집 키를 훌쩍 넘는 소나무가 한옥과 잘 어울린다.
아래_ 솟을대문 안으로 해운정이 보인다. 건물 모두가 단정하고 질서가 있다.

1

2

3

1 높은 기단 위로 디딤돌, 장마루인 쪽마루, 처마선이 한 방향으로 서 있다.
2 단을 물리면서 화단을 만들고 키 작은 나무나 화초를 심었다.
3 소박하지만 잘 빼아 다려 입은 한복 같은 모습의 솟을대문이다. 정확한 비례를 이루고 있어 단정하면서도 꼿꼿한 느낌이다. 토석담과 기단의 호박돌이 그 느낌을 완화한다.

1 경호어촌鏡湖漁村, 해운소정海雲小亭이라는 편액이 보인다.
주인은 바다를 좋아하는 인물이었을 것이다.
2 좌우 대칭이 잘 이루어진 회벽에 우리판문을 설치했다.
3 충량 위의 눈썹천장이다. 가만히 순서를 따져보면 그때야 질서가 보인다.

1

2

3

1 선반을 받치는 까치발에도 정성을 들여 모양을 내었다.
2 분합문을 들어 올려 거는 걸쇠가 혼자 하늘에 장식처럼 걸렸다.
3 해운정 기단 모습.
4 해운정 편액과 운형대공. 바다 위에 뜬 구름을 보면 희망이 솟기도
하고, 그리움으로 막막하기도 할 듯 하다.
5 보 방향으로 외기도리가 교차하는 모서리 부분에는 추녀가
걸리므로 연꽃모양으로 장식하고 철물로 보강하였다.
6 외기에 걸린 서까래 말구가 안쪽에서 보이므로 외기에 구성하는
작은 천장을 눈썹천장이라고 한다.
7 디딤돌을 키 순서대로 열을 맞춰 놓은 것 같다. 그 위로 폭이
넓고 긴 장마루로 쪽마루를 내었다.
8 들고나는 토석담이 위계에 따라 흘러내리고 안에는 돌계단길이
밖에는 흙길이 각자의 길을 가고 있다.

2-02. 활래정

活來亭 | 강원 강릉시 운정동 431 선교장

선교장 정원의 인공연못에 세워진 누각 형식의 정자

선교장은 꽉 차서 더 채울 것이 없는 보름달 같은 집이다. 조선시대 사대부의 살림집이며 충족된 집의 대표적인 집이다. 전주 사람인 이내번이 이곳으로 이주하면서 지은 집으로 집터가 뱃머리를 연상케 한다고 하여 '선교장船橋莊'이라 이름 붙였다. 안채·사랑채·행랑채·별당·정자 등 민가로서는 거의 모자람이 없는 구조를 지니고 있다.

선교장은 번성하는 집안으로 처음 지어진 이래 무려 십 대째에 이르도록 나날이 발전하여 증축되면서 오늘날에 이르렀다. 조선의 건축기술이 그대로 전해진다고 해도 과언이 아니다. 현재 아흔아홉 칸 안채와 사랑채 등 모두 300칸에 이르는 조선시대 사대부 저택의 원형이 고스란히 남아 있다.

입구에는 인공연못을 파고 정자를 지어 활래정活來亭이라 이름을 짓고 연못과 함께 경포호수의 경관을 바라보며 관동팔경을 유람하는 조선의 선비와 풍류객들의 안식처가 되었다. 선교장의 일체감이 주는 단순미와 웅장함은 궁궐이나 공공건물이 아닌 민간주택으로서 가장 으뜸이다. 건축분야 전문가들을 대상으로 한 '한국에서 가장 아름다운 집은 어디인가?'라는 설문조사에서 1위로 꼽힌 곳이 바로 선교장이다. 선교장은 9대에 걸쳐 240여 년간 유지되어온 고택이자 한국에서 가장 규모가 크면서도 아름다운 전통가옥이다. 김봉열 교수는 선교장에 대해 이렇게 평했다.

가족용 주택 영역을 대외적 영역이 감싸는 중첩적인 구성이다. 선교장을 통해서 한국건축 집합구성의 특성을 이해할 수 있다. 그것은 건물군의 형태적인 집합이기도 하지만 동시에 선교장의 조영사가 축적해 온 시간적 집합의 모습이기도 하다.

활래정은 선교장 오른쪽으로 정원의 인공 연못 속에 네 개의 돌기둥을 세우고 그 위에 세워진 누각 형식의 정자로 탁족하는 선비의 모습을 떠오르게 한다. 창덕궁의 부용정과 같은 모습으로 부용정은 궁궐 정자이고 활래정은 사대부 정자로 규모가 부용정의 2.5배의 크기이다. 경포호수가

현재와 같지 않고 그 둘레가 12km였을 때 배를 타고 건너 다녔다고 하여 '배다리'라는 택호를 가진 '활래정'이란 이름은 주자의 시 「관서유감觀書有感」중 '위유원두활수래爲有源頭活水來'의 '맑은 물은 근원으로부터 끊임없이 흐르는 물이 있기 때문'이라는 의미이다.

중요민속자료 제5호로 지정된 활래정은 겹처마 팔작지붕의 형태로 다른 곳에서는 볼 수 없는 다실이 방과 누마루 사이에 있어 한국 건축 양식을 잘 보여주고 있다. 방과 마루로 구성된 활래정은 외부의 벽면이 모두 분합문의 세살문으로 구성되어 있고 장지문을 닫으면 한쪽은 온돌방이 되고 다른 한쪽은 대청이 된다. 활래정 외부는 전부 창호로 되어 있어 여름을 지내는 별당 건축임을 알 수 있으며 방지의 가운데는 노송이 있는 봉래선산이 있다. 예전에는 목조 보교가 있어 안으로 통행할 수 있었으나 지금은 다리가 없어졌다.

월하문月下門이라는 편액은 '조숙지변수鳥宿池邊樹 새들도 연못가 나뭇가지 사이에 잠이 들었는데, 승고월하문僧敲月下門 스님 혼자서 달빛 아래 문을 두드리고 섰네.'라고 쓴 주련의 글에서 찾아볼 수 있다.

조선 후기의 전형적인 상류주택으로 효령대군의 11대손인 이내번이 좋은 터를 얻어 집을 지은 이래 대를 이루어 살아오고 있는데, 전해 내려오는 이야기에 의하면 사랑채인 열화당은 1815년에 이후가 건립하고 연못의 활래정은 1816년에 이근우가 조영하였다고 한다. 한국전쟁 때 일부 피해를 보았으나 이후 복구하여 오늘의 모습이 되었다. 응

왼쪽_ 활래정. 연못에 발을 담근 정자가 시원스럽다.
외부는 전부 세살분합문으로 되어 여름을 지내는 별당 건축임을 알 수 있으며 방지 (사각형 연못)의 가운데는 노송이 있는 봉래선산(원형의 섬)이 있다.
오른쪽_ 다른 곳보다 먼저 눈길이 쏠리는 곳이 활래정이다.
연못과 정자가 한 폭의 동양화 같다. 예전에는 목조 보교가 있어 안으로 통행할 수 있었으나 지금은 다리가 없어졌다.

장한 규모의 선교장을 들어서면 우측에 연지가 있다. 연못 안에 당주가 있고 잘생긴 소나무가 의연하고 품위 있게 서 있다. 그 건너편으로 한 쌍의 정자가 보이는데 바로 활래정 이다. 잘 자란 소나무 숲이 정자의 배경이 된다.

활래정은 주자의 시 「관서유감觀書有感」중
'위유원두활수래爲有源頭活水來'의 '맑은 물은 근원으로부터 끊임없이
흐르는 물이 있기 때문'이라는 의미이다.

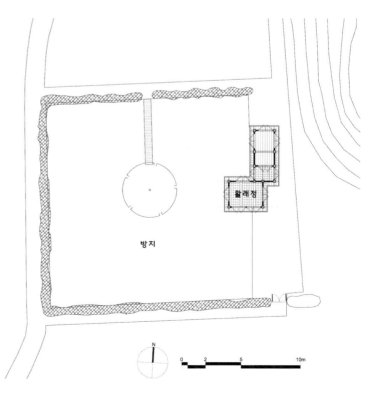

1

2

3

1 외부의 벽면이 모두 세살분합문으로 구성되어 있다.
2 활래정은 우물마루, 세살분합문, 우물천장이 자연과 하나가 되는 열린 공간이다.
3 미서기 영창을 통하여 들어오는 빛이 은은하고 깊다.
양옆으로 사방탁자가 놓여 있고 가운데는 서안이 놓여 있다.

1 미닫이창으로 갑창에 시·서·화를 붙였다.
2 방과 누마루를 잇는 우물마루 복도로 다른 곳에서는 볼 수 없는 다실이 방과 누마루 사이에 있다.
3 우물천장. 대갓집답게 꾸밈이 예사롭지 않다.

1 활래정 편액

2 월하문 편액. '조숙지변수宿池邊樹 새들도 연못가
나뭇가지 사이에 잠이 들었는데, 승고월하문僧敲月下門 스님 혼자서
달빛 아래 문을 두드리고 섰네.' 라고 쓴 주련의
글에서 찾아볼 수 있다.

3 꽃과 잎을 두른 편액.

4 창방, 장혀, 도리가 귓기둥에서 십자로 교차하여
튼튼한 결구를 보인다.

5 건물 주위를 평난간으로 헌함을 설치했다.

6 살림집에서는 거의 찾아볼 수 없는 우물 정#자의 우물천장이다.
나무를 다룸에 소홀함이 없는 솜씨가 보인다.

7 주련. 한옥에서는 보기 드문 빛깔로 만들었다.
퇴색한 나무 빛깔과 대조를 이룬다. 빛깔이 곱다.

2-03. 판가정

觀稼亭 | 경북 경주시 강동면 양동리 150

신라 천 년의 경주에 조선의 한옥이 당찬 모습으로 서 있다

경주 땅에 있는 조선의 한옥들로 이루어진 양동마을에서도 대표적인 건물 중의 하나가 관가정이다. 관가정은 조선 중종 때 문신이자 청백리에 선정된 손중돈이 지은 집으로 안강평야에서 익어 가는 벼를 바라본다는 뜻이 있다. 청백리란 맑고 공정하게 관직을 수행할 수 있는 능력과 품행을 가진 사람을 말한다. 청백리 정신에서 가장 중요시하는 청렴 정신은 탐욕의 억제, 매명 행위의 금지, 성품의 온화함 등을 내포하고 있다.

관가정 대문에 들어서면 우선 보이는 건물은 사랑채다. 관가정 사랑채에 서면 그 앞으로 펼쳐진 안강평야가 보인다. 안강평야 건너편으로 역사만큼이나 오래된 노거수인 은행나무가 관가정 앞에 당당하고 우람하며 멋진 자태로 관가정을 적당히 가리면서 우뚝 서 있다. 건물의 서쪽에 사랑채의 핵심인 누마루가 있고, 동쪽으로는 손님들이 머물 수 있는 작은 방들이 있다. 안채가 안주인의 영역이라면 사랑채는 바깥주인, 곧 남성의 영역이다. 사랑채의 모습이 바깥주인 도량의 폭을 가늠할 수 있는 남성의 얼굴이라 할 수 있다. 사랑채 누마루에서 남쪽을 바라보면 노적봉이 보인다. 노적봉의 모습은 곡식을 쌓아놓은 모습이라 해서 풍수에서는 부봉이라고 한다. 사랑채 뒤로 가면 매화, 향나무, 그리고 뒷간이 사랑채 앞에서의 시선을 가로막고 있음을 볼 수 있다.

관가정은 우선 건물이 우람하고 장대하며 대갓집으로서의 모습을 갖추고 있다. 규모 면에서나 지어진 독특함이 사람의 시선을 붙잡는다. 건물의 실제 크기도 대단하지만, 건물을 경사진 곳에 지어서 축대를 높이 쌓은 것 같은 효과를 나타내어 마치 큰 규모의 사찰이나 궁궐처럼 보인다. 초록과 주홍의 대비가 잘 어울리는 일반 한옥에서는 보기 드문 색의 배합을 한 건물로 색을 칠하지 않은 부분이 대부분이지만, 일부분은 주홍색으로 칠을 했다. 그리고 문이나 일부 서까래를 초록색으로 칠해 묘한 분위기를 만들어낸다.

관가정의 건물 배치는 사랑채와 안채가 ㅁ자형을 이루는데, 가운데 마당을 중심으로 남쪽에는 사랑채, 나머지는 안채로 구성된다. 안채의 동북쪽에는 사당을 배치하고, 담으로 양쪽 측면과 후면을 막았다. 집의 앞쪽은 탁 트이게 하여 평야가 훤하게 열려 보이므로 낮은 지대의 경치를 바라볼 수 있어 시원함을 더한다. 보통 대문은 행랑채와 연결되지만, 이 집은 특이하게 대문이 사랑채와 연결되어 있다.

사랑채는 남자 주인이 생활하면서 손님들을 맞이하는 공간으로, 대문의 왼쪽에 사랑방과 마루가 있다. 마루는 정면이 트여 있는 누마루로 '관가정觀稼亭'이라는 현판이 걸려 있다. 대문의 오른쪽에는 온돌방, 부엌, 작은방들을 두었고 그 앞에 ㄷ자로 꺾이는 안채가 있다. 안채는 안주인이 살림하는 공간으로, 부엌, 안방, 큰 대청마루, 광으로 구성되어 있으며 사랑채의 사랑방과 연결된다. 사각기둥을 세우고 간소한 모습을 하고 있으나, 뒤쪽의 사당과 누마루는 원기둥을 세워 조금은 웅장한 느낌이 들게 했다. 사랑방과 누마루 주변으로는 난간을 돌렸고, 지붕은 안채와 사랑채가 한 지붕으로 이어져 있다. 세부구조에서 안대청의 주두 위 익공과 종도리를 받친 대공의 조각 등은 특이한 수법이다.

관가정은 조선 중기의 남부지방 주택을 연구하는 데 귀중한 자료가 되는 문화재이다.

왼쪽_ 나무문의 단점은 빛을 안으로 들이지 못한다는 것이다. 빛의 옷을 입은 문이 곱다.
오른쪽_ 사랑채는 남자 주인이 생활하면서 손님들을 맞이하는 공간으로, 대문의 왼쪽에 사랑방과 마루가 있다.
누는 정면이 트여 있는 누마루로 '관가정觀稼亭'이라는 현판이 걸려 있다.

위_ 사각기둥을 세우고 간소한 모습을 하고 있으나,
뒤쪽의 사당과 누마루는 원기둥을 세워 웅장한 느낌이 든다.
아래_ 우물마루로 통머름 위에 우리판문, 널판문의 조화가
마치 나무들의 잔치라도 여는 듯하다. 이 나무들이 제
빛깔을 내던 당시의 모습은 찬란할 만큼 빛났을 것이다.

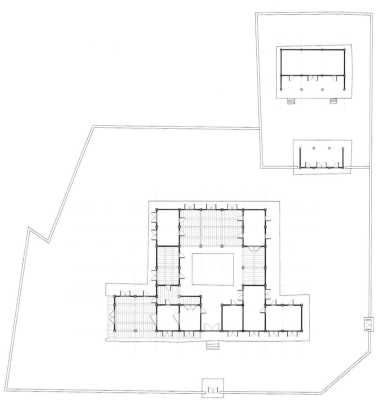

1

2

3

1 언덕에 자리 잡은 건물들의 배치는 사랑채와 안채가 ㅁ자형을 이루는데,
가운데 안마당을 중심으로 남쪽에는 사랑채, 나머지는 안채로 구성된다.
2 방 안에 방이 있는 구조처럼 보인다. 밖으로 통하는 문이 따로 있다.
3 안채는 안주인이 살림하는 공간으로 부엌, 안방, 큰 대청마루, 광으로
구성되어 있으며 사랑채의 사랑방과 연결된다.
4 벽체는 판벽으로 하고 널판문과 세살청판문을 달았다.

4

1 삼량가로 대들보의 곡선과 서까래의 직선 만남이 어울린다.
강회로 마감해 깔끔하다.
2 삼량가로 홍예진 대들보가 특이하다. 회첨처마로 연결된 마족연이 보인다.
3 판벽은 문간이나 창고, 헛간 등 난방이 필요치 않은 곳에 주로 쓰인다.
중방을 기준으로 하부는 판벽으로 하고 상부는 회벽으로 했다.
4 조리용 부엌이 필요 없는 사랑채나 건넌방, 행랑 등에서는
부뚜막이 없는 함실아궁이를 만들었다.

1 계자난간을 두른 사랑채는 여전히 의연한 모습을 갖추고 있다. 이곳에 앉으면 집 앞에 펼쳐진 안강평야가 훤하게 바라보인다.
2 문의 태극문양이 이채롭다. 파랑과 흰빛이 주는 느낌은 보통 봐 오던 것과는 사뭇 다르다.
3 세로살의 봉창과 통판문이다. 부엌의 하단부분이 떨어져 나가 세월을 말해주고 있다.
4 부엌 입구로 널판문을 달았다.
5 자연석계단을 가지런하게 쌓았다. 강자갈을 날라 쌓은 듯 둥근 돌이다. 토석담의 돌들과 잘 어울린다.
6 관가정 입구에 서 있는 은행나무. 크기나 세월을 머금은 풍모가 위압감을 줄 만큼 엄숙한 미를 느끼게 한다.
7 문 중앙의 문양이 태극문양이다. 대문에 있었던 문양과 같은 파랑과 흰색으로 되어 있다.

2-04. 심수정

心水亭 | 경북 경주시 강동면 양동리

정자와 수백 년의 나무가 함께 세월을 품은 곳

신라 천 년의 마을 경주에 조선 사대부 마을이 차분하게 자리 잡고 있다. 이곳이 바로 심수정心水亭이 있는 양동마을로 다른 전통마을과는 달리 산등성이 위로 집들을 올려서 지었다는 특이점이 있다. 양반가들은 위로 올라가고 양반가의 일을 도와주던 사람들의 집은 밑에 있는 것도 또 다른 특이점이다. 양동마을에 들어서면 우측 성주봉 등성이에 심수정이 있는데, 북촌에 자리 잡은 향단에 딸린 부속건물로서의 정자이다. 건축연대는 1560년경으로 여강 이씨 문중에서 세웠다. 지금의 심수정은 다시 지은 건물로 애초의 건물인 심수정은 철종 때에 화재로 전소하고 1917년경에 본래의 모습대로 중건·복원하였다.

심수정은 자연적인 지형을 잘 이용해 건물을 배치한 한국적인 전통방식을 따른 건물이다. 막돌허튼층쌓기 기단 위에 막돌 초석을 놓고 원기둥을 세웠다. 우리의 정신이 말에 녹아들어 있는 그대로를 받아들였기에 그냥 다가온다. 막돌허튼층쌓기도 그렇다. 막돌이란 주변에 뒹구는 자연석을 말한다. 깎아 만든 돌이 아니라 굴러다니는 돌 그대로를 줄을 맞추지 않고 쌓아 올린 것을 말한다. 기둥의 윗부분인 기둥머리도 마찬가지다. 심수정의 기둥머리의 짜임은 이익공이다. 도리는 굴도리를 사용하였고, 가구架構는 오량가이나 내고주內高柱 없이 대들보를 전후 평주에 걸었다. 처마는 홑처마이며 지붕은 팔작지붕이다. 행랑채는 사각기둥을 사용하였으며 홑처마의 맞배지붕이다.

양동마을의 안과 밖에는 여러 정자가 있는데, 손씨와 이씨 양가는 각파 종중마다 정자가 있다. 성씨마다 그리고 각파마다 지지 않으려는 알력이 보이지 않게 존재해 왔다. 한 집안에서 정자를 지으면 다른 집안에서 같거나 좀 더 큰 정자를 짓는 식으로 양동마을에서는 드러내 놓지 않은 경쟁의식이 있었다. 심수정은 그중 가장 규모가 큰 것인데 향단파의 소유이다.

심수정은 정자와 행랑채로 구분되는데, 두 채 모두 ㄱ자형 평면구성이다. 정자의 중심부에 자리한 대청은 7칸, 누마루는 큰 1칸이고 3면에 난간마루를 돌리고 그 둘레에 계자난간을 부설하였다. 온돌방은 동단東端에 2칸, 서정西庭 중간에 1칸으로 모두 3칸을 두어 큰 정자로써 필요한 칸 수로 공간을 나누었다. 행랑채는 방, 마루, 방, 부엌, 광의 순으로 1칸씩 구성된 ㄱ자형 집인데, 부엌은 대략 칸 반에 이르고 광은 5척 남짓한 좁은 1칸이다. 이 정자를 지키는 행랑집은 고풍스러운 작은 집으로 굵은 각주와 마룻귀틀, 청판 등 주인의 마음 씀이 구석구석 보이지 않는 곳이 없다. 이러한 방, 마루, 방, 부엌으로 연속되는 一자형 구성은 남부지방 민가의 한 기본형으로 가장 흔한 유형이지만, 이 집은 부엌을 전면으로 연장하였기 때문에 ㄱ자형이 되었다.

누마루에서는 도랑 건너편 북촌 일대를 조망할 수 있으며 누樓 아래 언덕배기에는 수백 년 수령의 느티나무와 회화나무가 울창하여 여름날에 아랫마을에서 올려다보면 웅장한 느낌이 든다. 정자 뒤에도 역시 약간의 노목이 우거진 경사진 후원이 있어 깊은 숲에 들어가 앉은 느낌이 든다. 전면에 행랑채가 둘러서 있으며 정자는 큰 산을 앞에 두고 남향하고 있고 따로 담장을 둘렀으며 행랑채는 담장 밖에서 정자를 향해 세워졌다.

왼쪽_ 심수정 주위에는 수령 250년의 보호수 회화나무 4그루가 있다.
크기도 집의 위용만큼이나 우람하다. 누마루 주위에 있는 회화나무는 시원한 그늘을 제공해 줄 뿐만 아니라 운치까지 더한다.
오른쪽_ 나무의 위용이 대단하다. 나무 아래로 양동마을이 보인다.

1

2

3

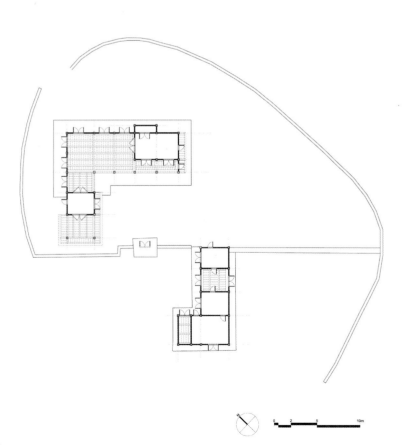

1 심수정 입구 모습으로 대문은 사주문이다.
2 여름에는 마당에도 그늘이 드리워진다. 마당에 수키와로 작은
조원이 꾸며져 있다.
3 정자는 정면 3칸, 측면 2칸의 대청, 정면 2칸, 측면 1칸 반의
사랑방이 있다.

1 대청 정면에는 '심수정心水亭'이라는 편액이 걸려 있다. 방 쪽의 불발기창이 돋보인다.
2 대청의 전면 ㄱ자로 꺾인 곳에는 1칸의 마루가 있고, 다시 방 1칸과 누마루 1칸이 서남쪽을 향하고 있다.
3 대청은 7칸으로 전면을 노출하고 후면은 우리판문을 달았다.
4 삼관헌이란 편액이 보인다. 우리판문과 연등천장을 하나로 연출한 모양처럼 정제된 미가 돋보인다.

1 판벽 사이에 머름 위 우리판문으로 목재의 비율이나 구성이 깔끔하다.
2 쪽마루를 계자난간으로 둘렀다.
3 네 짝의 분합문으로 가운데 팔각모양을 한 불발기창이다.
4 심수정 편액. 변화를 주었음에도 단정함을 벗어나지 않았다.

1 심수정 토석담. 산 쪽으로는 지형이 높아 지형을 살려 자연스런 담을 연출했다.
2 오량가로 화반대공과 도리, 보의 구성이 작품 같다.
3 충량의 휘어짐이 자연스럽고 전체의 구조에 잘 어울린다.
4 난간청판에는 바람구멍을 뚫은 풍혈風穴이 있고 난간대의 이음은 반턱이음으로 처리했다. 정자에서 내려다보면 양동마을이 한눈에 들어온다.
5 기둥머리에는 주두를 놓고 정교하게 조각된 이익공으로 꾸몄다. 익공식翼工式은 창방과 직교하여 보 방향으로 새 날개 모양의 부재가 결구 된 공포유형이다.

2-05. 채미정 採薇亭 | 경북 구미시 남통동 249

조선을 인정하지 않는 고려의 신하에게 정자를 지어준 왕의 마음이 담긴 곳

조선의 건국을 반대하고 고려의 멸망을 서러워하며 숨어 산 길재에게 조선의 이씨 왕가에서 정자를 지어주는 어이 없는 일이 벌어진 것은 조선의 안녕을 위한 마지막 선택이었다. 국호는 달라졌어도 단군 이래 내려온 전 백성의 뿌리가 한 갈래이니 고려 사람이 따로 있을 수 없으며, 새로 건국한 조선 사람이 따로 있을 수가 없었다. 통치이념으로 유교를 받아들인 조선으로서는 국가의 기틀과 안정을 찾아야 했기에 바로 그 자리에 충신이 필요했다. 조선을 반석 위에 올려놓기 위한 충신이 필요하여 비록 흘러가버린 나라지만 고려의 충신을 버릴 수 없었다. 고려를 위해 목숨을 바치며 고려를 위하여 두 임금을 섬기지 않겠다는 무리를 인정하지 않고서는 새로 개국한 조선에 충성을 받치라 얘기할 수가 없었다.

고려 말기의 충신이며 학자인 야은冶隱 길재吉再가 바로 그러한 본보기였다. 길재는 고려가 망하고 조선이 개국하고서 태상박사의 관직을 받았으나, 벼슬에 나가지 않고 고향에 돌아와 은거생활을 하면서 끝까지 고려에 대한 절의를 지켰다. 세종이 즉위하던 1419년, 길재가 별세하자 나라에서는 그에게 충절忠節이라는 시호를 내린다. 역사의 역설은 백성이라는 움직일 수 없는 뿌리에서 시작된다. 아무리 강한 왕조라도 백성을 무시하고는 모래 위에 집을 짓는 격이다. 조선을 창업하고 160년의 세월이 흘렀지만, 그들을 인정하지 않을 수가 없었다. 길재 문하에 있던 무리가 사림파라는 이름으로 세조대부터 조선 조정에 출사하기 시작한다. 그들이 차지한 힘으로 다시 주목받는 것을 조선 왕조로서는 슬그머니 인정해 주면서 길재와 같은 충신을 그들에게서 찾으면 되는 것이었다.

채미정採薇亭은 그런 길재의 충절과 학덕을 기리기 위하여 1768년, 영조 44년에 지어졌다. '채미採薇'는 고사리를 캔다는 뜻으로, 은殷이 망하고 주周가 들어서자 새로운 왕조를 섬길 수 없다며 수양산에 들어가 고사리를 캐 먹으며 은나라에 대한 충절을 지켰던 백이·숙제의 고사에서 따온 이름이다. 그런 백이와 숙제처럼 고려가 망하고 나서 두 임

금을 섬길 수 없다며 벼슬에 나가지 않고 고향에서 은거생활을 한 길재를 기리는 이름에는 제격이다. 야은 길재는 목은 이색, 포은 정몽주와 함께 절개와 의리를 상징하는 고려의 삼은三隱으로 일컬어지게 된다.

> 오백 년 도읍지를 필마로 돌아드니,
> 산천은 의구하되 인걸은 간데없다.
> 어즈버, 태평연월이 꿈이런가 하노라.

길재의 시다. 당시로써는 충절을 안이나 밖 모두에서 가르쳤기에 바꿀 수 없는 원칙이었다. 산천은 여전했고 인걸도 여전했다. 길재 없는 세상은 다시 번영했고 길재 없는 세상은 흔들림 없이 이어졌다. 고려보다 조선의 생명이 더 길었다. 충성 충忠은 '중심 된 마음'이라는 뜻이다. 가운데 중中과 마음 심心이 만나서 이루어진 글자가 충성 충자다. 중심을 잃지 말라는 의미가 왕조를 위하여 헌신하라는 의미로 바뀐 것은 유교적인 원리를 들여놓았기 때문이다. 충을 효의 원리와 합쳐지도록 한 위정자들의 논리가 한몫해서이다. 조직에 충성하는 일이 중요한 것이 아니라 마음의 중심을 잃지 않도록 다스리고 행동하는 마음가짐이 진정 필요한 일이다.

채미정 주변은 앞쪽으로 흐르는 맑은 냇물과 계류와 수목들이 어우러져 경관이 뛰어난 명승지이다. 경역에는 숙종의 어필 오언시가 보존된 경모각, 구인재와 비각 등의 건물이 있다. 채미정을 가려면 다리를 건너 흥기문을 통과해

왼쪽_ 흥기문. 채미정을 가려면 다리를 건너 흥기문을 통과해야 한다. 다리와 함께 바라보는 흥기문은 또 다른 풍경을 만든다.
오른쪽_ 채미정. 팔작지붕으로 단청을 곱게 칠했다. 길재는 이방원이 태상박사에 임명하였으나 두 임금을 섬기지 않겠다는 뜻을 말하며 거절하였다.

야 한다. 문을 들어서면 왼쪽에 구인재가 있다. 옛날 이곳을 방문하는 문중 사람들이 머문 곳이다. 채미정은 벽체가 없고 16개의 기둥만 있는 정면 3칸, 측면 3칸의 정자 건물로 중앙에 방 1칸을 만들고 사방에 마루를 둘렀다. 벽은 없으나 문을 닫으면 방으로 사용할 수 있게 설계한 특이한 정자이다.

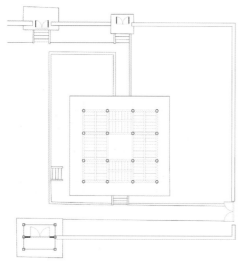

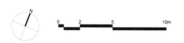

위_ 채미정은 벽체가 없이 기둥만 16개이다.
정면과 측면 모두 3칸씩으로, 중앙에 방을 만들고 사방을
툇마루로 두른 특이한 모습을 하고 있다.
아래_ 채미정의 툇마루와 방.

1 채미정의 창호. 세 짝의 만살 들어걸개문에 작은 문을 덧달았다. 색과 사각 면의 배치가 절묘하다.
2 한옥의 큰 장점 중의 하나인 주위 풍경이 문얼굴로 들어와 함께 어우러지며 멋진 풍경이 된다.
3 채미정. '채미'란 이름은 길재가 고려 왕조에 절의를 지킨 것을 중국 은나라의 백이와 숙제가 수양산에 들어가
고사리를 캐 먹으며 은 왕조에 충절을 지킨 고사에 비유하여 명명한 것이다.

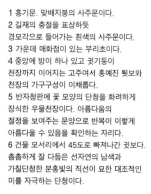

1 흥기문. 맞배지붕의 사주문이다.
2 길재의 충절을 표상하듯
경모각으로 들어가는 흰색의 사주문이다.
3 가운데 매화점이 있는 부리초이다.
4 중앙에 방이 하나 있고 귓기둥이
천장까지 이어지는 고주여서 흥예진 툇보와
천장의 가구구성이 이채롭다.
5 반자청판에 꽃 모양의 단청을 화려하게
장식한 우물천장이다. 아름다움의
절정을 보여주는 문양으로 반복 이렇게
아름다울 수 있음을 확인하는 자리다.
6 건물 모서리에서 45도로 빠져나간 귓보다.
촘촘하게 잘 다듬은 선자연의 남색과
가칠단청한 분홍빛의 직선이 묘한 대조적인
미를 자극하는 단청이다.

1 구인재는 정면 4칸, 측면 2칸의 전퇴가 있는 팔작지붕이다.
가운데는 대청이고 양옆에 방을 드려 대칭을 이루고 있다.
2 구인재 측면. 팔작지붕 아래 회벽 처리한 벽면의 단순미가 순정하다.
3 대청에서 밖을 내다본 풍경. 낮은 담 밖으로 숲이 보인다.
4 구인재. 3평주 오량가로 벽면을 회벽 처리하여 깔끔하다.
5 구인재. 좌·우 대칭을 이룬 판벽 사이로 머름 위의 널판문이다.
6 구인재. 장연과 단연이 노출된 연등천장이다.

2-06. 명원민속관 녹약정·초당

서울 한복판에 기적처럼 살아 있는 대갓집

국민대학교 뒤편으로 돌아가면 대갓집이 있다. 뜻밖의 선물 하나를 받는 기분이다. 도시 한복판에 대갓집이 있을까 싶은데 턱 하니 한옥이 자리 잡고 있다. 북촌의 한옥은 조선시대 전통 사대부들의 집이 아니라 대개 규모가 작은 개량한옥으로 전통성에서 떨어진다. 헌데 숨어 있는 듯한 대갓집이, 그것도 규모가 큰 60칸 전형적인 조선시대 상류층 저택이 당당하고도 기품 있게 그곳에 있다.

눈을 맑게 해주는 또 하나의 기쁨이 기다리고 있는데 정자와 초정이다. 정자가 의미하는 한국적 정취는 남다르다. 휴식 공간으로서의 기능보다 선비들 사교의 장이었고, 수도의 장이었으며, 풍류의 공간이었다. 정자를 빼놓고 선비를 이야기하기는 어렵다. 선비들이 때로는 가문의 영광만을 위하여 매진하는 모습을 보이기도 했지만, 이곳에서 시문을 짓고 시대의 아픔을 논하며, 개혁을 꿈꾸기도 했다. 우리는 지금 풍류만을 가져다 쓰면 충분하다. 초정이 옆에 자리하고 있다. 초정草亭이란 초가지붕을 한 정자를 말한다. 초가지붕은 보통 볏짚이나 갈대 같은 것으로 지붕을 엮어 만드는데, 이 초정은 다성 초의선사가 기거하던 해남 대흥사 일지암과 같은 초당 형태로 지어졌다.

한옥이 어떻게 이곳에 자리 잡게 되었을까 궁금해진다. 그리고 정자와 초당은 어디에서 연원한 것일까. 바로 이 대갓집이 명원민속관으로 국민대학교 후문 바로 앞에 있다. 명원민속관은 원래 1892년경에 지어진 조선 말기 참정대신을 지낸 한성판윤 한규설의 유택이다. 서울 중구 장교동에 있었던 한규설의 집이 국민대 후문까지 오게 된 사연은 김미희 여사에 의해서이다. 김미희 여사는 국민대학교의 발전을 이룩한 성곡 김성곤 선생의 부인으로 1968년부터 전통 차 문화를 연구하며 한국에서 잊혔던 차 문화 부흥을 위해 노력한 사람이다. 김미희 여사가 원 소유주인 박준혁 선생의 유족으로부터 기증받아 1980년 12월 20일 1천3백67평 규모의 국민대 부지에 원형 그대로 복원하였다. 국민대학교는 이 건물을 명원민속관으로 명명하여 전통 다도의 보급과 학생들의 생활교육관으로 이용하고 있다. 지난

1981년 개관한 이래 명원민속관에서는 지속적으로 학생들의 전통 다도 학습과 조선시대 주택의 특성에 대한 건축 강의가 이뤄지고 있으며 전통 생활문화에 대한 조사연구와 자료수집 등을 진행하고 있다.

그리고 김미희 여사는 자신의 다실인 녹약재의 이름을 따서 '녹약정綠若亭'이란 정자와 연못을 만들었는데, 이렇게 한규설 대감 고택을 원형 그대로 이전한 대문채, 사랑채, 안채, 사당채와 새로 지은 녹약정과 초정 두 영역이 더해져 지금의 명원민속관이 되었다. 한 사람의 기증과 한 사람의 노력 덕분에 서울 도시 한복판에서 이런 대갓집을 만날 수 있는 축복을 누리게 되었다.

한규설 대감의 고택, 즉 명원민속관의 대문은 주인의 지체를 상징하는 솟을대문이며 가마를 타고 드나들 수 있을 정도의 규모다. 이를 지나면 두 개의 중문이 나온다. 하나는 사랑채로 다른 하나는 안채로 향한다. 남녀의 공간이 따로 있었던 당시의 모습 그대로다. 한옥은 여름공간으로 더 잘 어울린다. 특히 안채는 안채대로, 사랑채는 사랑채대로 바람의 통로가 된다. 들어걸개 분합문을 가지런하게 들어걸면 순간 바람이 제 길을 찾아가는데 여간 시원한 게 아니다. 문을 열면 풍경이 열리고, 세상이 열리고, 마음이 열리면서 자연과 사람이 하나가 되는 한옥의 아름다움은 안채에 앉아 있으나 사랑채에 앉아 있으나 정자나 초정과 별다르지 않은 풍광과 기분을 느끼게 된다. 한옥은 남방식 마루와 북방식 온돌과의 만남으로 이루어진다. 세계 어느 나라에서도 보기 드문 예다. 정자에도 방을 드려 사계절 사용

왼쪽_ 국민대학교 명원민속관 내 녹약정. 물에 발을 담근 정자의 모습이 그윽하다.
오른쪽_ 합각. 활짝핀 꽃이 봄을 더욱 실감나게 한다. 세상의 봄을 이끌고 온 저 어린 꽃잎에 겨울을 건너온 신비한 힘이 깃들어 있다.

정자와 누 **99**

할 수 있게 하였다. 녹약정과 초정은 기발한 착안으로 지어 진 덤으로 아름다운 선물이다.

명원민속관은 조선 후기의 양반가옥으로 솟을대문, 안 채, 사랑채, 별채, 행랑채 등으로 나뉜 가옥형태를 한 19세 기 서울지역 전통 양반가옥의 특성을 보여주는 귀중한 민 속자료로 평가되고 있다.

위_ 녹약정. 방 하나를 품에 안고 물에 발을 담근 모습이 그윽하다. 꽃과 물이 정자와 만나 더욱 풍요롭다.
아래_ 국민대학교 뒤편에 자리 잡은 녹약정. 목마른 날에 샘 하나 만난 기분이다.

위_ 녹약정. 경사진 자연지형을 그대로 이용해서 지은 정면 2칸, 측면 1칸의 누마루이다.
아래_ 녹약정. 장대석으로 잘 쌓은 기단과 장주초석의 하얀 다리가 시원하다. 난간은 계자난간으로 멋을 부렸다.

1

2

3

1 숲 속에 사는 것은 사람의 바람인데 초당을 숲에서 만나니 더 반갑다.
2 초당. 초당에도 방을 하나 드렸다. 풀로 지붕을 해서 초당이라고 하는데, 다성 초의선사가 기거하던 해남 대흥사 일지암과 같은 형태로 초당을 지었다고 한다.
3 주고받는 풍경이 서로에게 힘을 실어주는 한옥의 아름다움은 덕담 같기만 하다. 초당에서 바라볼 때 녹약정이 있어 더 아름답다.

1 초당. 짚으로 지붕을 했어도
우리판문으로 벽장을 한 내부가 더없이 깔끔하다.
2 초당. 서까래가 하나의 꼭짓점에 모이지 않고
추녀 옆에 엇비슷하게 붙은 마족연이다. 부재를 다 드러내는
한옥은 우리 건축의 특성이기도 하다. 하지만,
명원민속관의 초당의 천장은 부분만을 드러내어 특별하다.
3 자연석초석과 자연석으로 디딤돌을 놓았다.
나무도 대충 다듬은 모습 그대로 턱 하니 서 있다. 덤벙주초의
맛은 자연을 아는 사람의 몫이다.
4 녹약정 편액. 글씨가 깔끔하고 정갈하다.
5 녹약정. 용마루, 내림마루, 추녀마루로 구성된
지붕마루이다. 적막이 깊은 곳에 연못을 바로 앞에 두고
꽃과 만났다.
6 자연석으로 쌓은 토축굴뚝. 담쟁이가 타고 올랐다.
7 나무뿌리는 나무뿌리대로 자연석을 쌓은 길은
길대로 제가 가고 싶은 데로 간다.

2-07. 독수정 원림

獨守亭園林 | 전남 담양군 남면 연천리 산91

독수 漆溪, 서은 瑞隱, 곡배 哭拜 라는 단어에서는 설움과 충절이 떠오른다

독수정은 전라남도 담양군 남면 연천리 숲 속에 있는 정자이다. 1982년 10월 15일 전라남도 기념물 제61호로 지정되었다. 소쇄원을 지나 화순으로 가는 국도를 따라 남면면 소재지에 들어서면 오른쪽으로 숲이 우거진 언덕에 있는 독수정은 이 원림 중앙에 자리 잡고 있다. 이 정자는 고려 공민왕 때 북도안무사 겸 병마원수를 거쳐 병부상서를 지낸 서은瑞隱 전신민全新民이 1390년 전후에 세운 것이다. 1390년이면 조선이 나라를 세운 때가 1392년이니 이미 고려는 무너져 망해버린 상태나 진배없었다. 망국의 신민으로서 무슨 낯으로 살겠느냐며 이곳으로 숨어들었다. 전신민은 포은 정몽주와 절친한 사이였는데, 포은이 선죽교에서 피살을 당하고 이성계가 새로운 왕조를 세우려 하자 크게 낙망한다. 살아갈 의미조차 잃어버린 고려의 백성인 전신민은 두문동 72현과 더불어 두 나라를 섬기지 않을 것을 다짐하고 벼슬을 버리고 이곳으로 내려와 은거하며 그 뜻을 혼자서라도 지키겠다는 뜻으로 독수정을 건립하였다.

독수정獨守亭, 홀로 지킨다는 결연한 의지가 보인다. 자신이 태어나고 자신이 섬기던 나라, 고려가 무너지자 서은 전신민은 세상으로부터 멀어진 곳으로 숨는데 그 장소가 원림이다. 그의 호도 '찬란한 은둔'이라는 의미의 서은瑞隱이다. 찬란하게 숨는다는 의미를 다 가늠하지는 못하지만 독수정이라는 정자의 이름은 이백의 시구에서 따왔다.

夷齊是何人 이제시하인

백이숙제는 누구인가.

獨守西山餓 독수서산아

홀로 서산에서 절개를 지키다 굶어 죽었네

그 의미가 사람을 숙연하게 한다. 전신민은 물이 흐르는 남쪽 언덕 위에 정자를 짓고 뒤쪽 정원에는 소나무를 심고 앞쪽 계단에는 대나무를 심어 수절을 다짐하였다. 의지만큼 결연한 지조를 상징하는 나무들만 골라 심으며 독수를 고집했다. 또한, 정자의 방향이 북쪽을 향해 있는데 그 이유는 망한 나라인 고려의 수도였던 송도를 향하여 아침마다 조복을 입고 곡배하며 자신의 충절을 지키기 위해서였다. 곡배哭拜라면 울음으로 절을 한다는 뜻인데, 이로써 전신민의 마음 한가운데를 흐르는 슬픔을 가히 짐작할 만하다.

독수정은 정면 3칸, 측면 3칸의 팔작지붕으로 정면 1칸과 후퇴를 온돌방으로 꾸몄다. 툇간은 비워두거나 마루를 설치하는 것이 일반적인 예인데 독수정은 다르다. 정면과 측면 모두 3칸의 중앙에 재실이 있는 팔작지붕으로 비교적 보존이 잘 된 상태이다. 창호는 세살문인데 측면은 2분합문, 정면은 4분합문의 들어걸개로 하여 걸쇠에 걸게 하였다. 문을 열면 실내가 곧장 훤하게 탁 트인 세상으로 변하는 기쁨을 맛보게 된다. 독수정을 중심으로 일대의 노거수 원림을 기념물로 지정하였으나 정자는 1972년에 허물고 새로 건립하였기 때문에 지정을 받지 못하였다.

독수정 지역은 진입로에 선비를 상징하는 나무인 회화나무, 자미나무 등의 노거수가 당당하게 자리를 지키고 있다. 정자 앞에도 자미나무, 매화나무 등의 수목이 심어져 있으며 조경적인 측면에서 볼 때 고려시대에 성행했던 산수원림으로서의 기법을 이 지방에 도입하는 데 선구적인 역할을 한 것이 독수정이라 여겨진다.

오랜 세월이 지나 정자가 퇴락함에 따라 1891년, 고종 대에 후손들이 중건하였으나 완공을 보지 못하고, 다시 1913년에 재차 중수하였다. 중수하면서 초가지붕을 기와지붕으로 바꾸었다. 정자 안에는 이와 같은 경위를 적어 놓은 중건기록 및 상량문, 그리고 시구 등의 편액이 있다. 홀

왼쪽_독수정은 정면 3칸, 측면 3칸으로 중앙에 재실이 있는 팔작지붕이다. 원림 속에 비교적 잘 보존된 상태로 주위의 울창한 각종 수목과 함께 옛 정취를 자아낸다.
오른쪽_툇간은 비워두거나 마루를 설치하는 것이 일반적인 예인데 독수정은 정면 1칸과 후퇴를 온돌방으로 꾸몄다.

정자와 누 🏛 105

로 지키는 찬란한 은둔과 울음으로 북쪽 송도를 향해 절을 올리는 한 사나이의 모습이 떠오른다. 독수정, 서은, 곡배

라는 의미 모두에서 아픔과 설움 그리고 충절이 떠오른다.

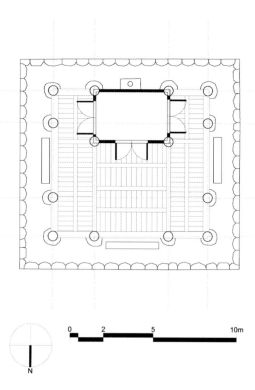

위_ 툇간에 마루는 우물마루로 하고 천장은
서까래가 노출된 연등천장이다.
아래_ 굴도리집으로 종장혀에 상량문이 보인다.
독수정이라는 정자의 이름은 이백의 시구에서 따왔다.

獨守亭

1 원형초석과 장대석 디딤돌. 방을 중심으로 3면에 툇마루가 설치되어 있다.
2 세살문 쌍창을 열면 원기둥 하나 우뚝 서 있다.
독수정은 북향인데 이것은 아침마다 조복을 입고 망한 나라의 왕이 있는 북쪽, 송도를 향하여 곡배하기 위함이었다.
3 선자서까래의 모습이 시원하다. 정교한 손 다듬질에 여간 정성이 든 게 아니다.
4 한쪽은 대들보에 걸고 반대쪽은 측면 평주에 건 대들보와 수직을 이루는 충량이다.
5 초석을 두툼하게 잘 다듬어 앉혔다. 사찰이나 궁궐에서 사용하던 원형초석이다.

1 원형초석과 장대석 디딤돌. 방을 중심으로 3면에 툇마루가 설치되어 있다.
2 세살문 쌍창을 열면 원기둥 하나 우뚝 서 있다.
독수정은 북향인데 이것은 아침마다 조복을 입고 망한 나라의 왕이 있는 북쪽, 송도를 향하여 곡배하기 위함이었다.
3 선자서까래의 모습이 시원하다. 정교한 손 다듬질에 여간 정성이 든 게 아니다.
4 한쪽은 대들보에 걸고 반대쪽은 측면 평주에 건 대들보와 수직을 이루는 충량이다.
5 초석을 두툼하게 잘 다듬어 앉혔다. 사찰이나 궁궐에서 사용하던 원형초석이다.

2-08. 면양정

俛仰亭 | 전남 담양군 봉산면 제월리 402

송순의 면앙정 회방연은 조선 시인의 잔치였으며 전라도민의 잔치였다

시로 한 세상을 살아서 장수하였는지 송순宋純은 아흔한 살을 살았다. 한 세대가 30년이라는데 세 번이나 세상이 변하는 것을 보았으니 아쉬움도 적으리라. 면앙정俛仰亭은 송순의 시가 태어나고 시가 읊어진 정자, 곧 송순의 시정詩亭이다. 송순은 한국 시가 문학의 정점에 서 있는 사람이다. 시의 흥취와 맛을 낸 장본인이기도 하고 풍류의 중심에서 세상을 바라본 시인이기도 하다.

면앙정은 지금 담양의 봉산면 제월리 마항마을 용바위에 있는 정자이다. 정면이 무등산을 향해 세워진 경관이 아름다운 호남 제1의 정자이다. 정자의 후면은 경사가 급한 단애이므로 바로 오를 수가 없어서 언덕의 측면으로 돌아서 올라가게 길이 나 있다. 우리의 길이야 돌고 돌면서 휘어지는 맛이 있는 것인데 시인의 정자였으니 더욱 그러한 듯싶다. 100여 년 전까지도 이 정자 바로 밑으로 여계천이 흘렀다. 「면앙정가」의 내용으로 미루어 이 여계천은 상당히 폭이 넓고 고깃배가 뜰 정도로 수량도 많았으며, 강을 끼고 빛나는 모래사장이 아름다웠다고 그려져 있다. 면앙정 후면에서 바라보이는 봉산 들은 나주평야의 북단으로 장성의 진원, 임곡, 나주, 무안까지 이어진 넓은 들이다. 들녘 너머로는 추월산, 용구산, 병풍산, 용진산, 어등산 등이 자리를 차지하고 있어 안온해 보인다.

면앙정은 1533년 송순이 건립하였다. 중종 28년, 혼란한 세상을 두루 건너온 시인이 지은 면앙정은 초라한 초정이었다고 한다. 바람과 비를 겨우 가릴 수 있을 정도였다고 하는데 이곳으로 사람들이 모여들면서 새로 증축된 것으로 본다. 건물은 정면 3칸, 측면 2칸의 팔작지붕이며 추녀 끝은 4개의 활주가 받치고 있다. 사면에 툇마루를 두고, 중앙에는 방을 배치하였다. 현재의 건물은 여러 차례 보수한 것이다.

송순은 면앙정에서 면앙정가단을 이루어 많은 학자, 가객, 시인들의 창작 산실을 만들었다. 정자 안에는 이황, 김인후, 임제, 임억령 등이 지은 시편들이 판각되어 걸려 있다. 면앙정은 송순의 시문 활동의 근거지이며, 당대 시인들과의 교류로 호남 제일의 가단을 이루었던 곳이다.

송순이 이조참판으로 있던 1550년, 윤원형 일파인 진복창과 이기 등에 의하여 도리에 어긋난 논설을 편다는 죄목으로 귀양을 갔다. 1년 반 후 귀양에서 풀려나 1552년 3월에 선산도호부사가 되고, 같은 해에 담양부사 오겸의 도움을 받아 면앙정을 다시 짓는다. 이 정자를 짓고서 그는 이렇게 자연가를 읊는다.

> 십 년을 경영하여 초려삼간 지어 내니
> 나 한 간, 달 한 간에 청풍 한 간 맛져 두고
> 강산은 드릴 듸 업스니 둘러 두고 보리라

면앙정의 실제 크기는 한 칸이 아니라 세 칸짜리지만 당시에는 한 칸이었는지도 모른다. 송순은 87세 때 이곳 면앙정에서 그가 과거에 급제한 지 예순 돌이 됨을 기념하는 축하 잔치인 회방연을 열었다. 송순 개인의 잔치가 아니라 전라도 전체의 잔치가 되었으며, 마치 그가 급제했을 당시와 같은 흥이 넘치고 신명으로 가득 찼다고 한다. 술기운이 오르며 절반이나 취해 갈 무렵 당시 수찬 벼슬을 하던 정철이 가로되 '우리 모두 이 어른을 위해 죽여竹輿를 매는 것이 좋겠다.'라고 하였다. 죽여는 대나무로 만든 가마를 말한다. 동시대의 특이하고 별난 인물들인 고경명, 기대승, 임제 등이 죽여를 붙들고 내려오자 각 고을 수령들과 사방에서 모여든 손님들이 뒤를 따르니 사람들 모두가 감탄하며 영광으로 여겼다. 풍류와 노 시인에 대한 배려와 찬양의 행사였다. 송순의 이 회방연 일화를 과거 시험문제로 낼 정도로 낭자하게 흥청거리며 신명 나던 한바탕 유쾌한 잔치였다. 한 사람의 잔치를 가지고 정조가 전라도 유생들에게 시험문제로 냈으니 송순은 그 시대의 걸출한 인물이었음이 틀림없다.

정자의 오른편 마루에는 정조의 어제御題가 붙어 있다. 정조는 1798년에 향시인 도과道科를 광주에서 실시하라고 명하였다. 이때 시제는 '하여면앙정荷輿俛仰亭'이었다

위_ 면앙정은 정면 3칸, 측면 2칸의 팔작지붕으로 여러 차례 보수한 것이며
최초의 모습은 초라한 초정으로 바람과 비를 겨우 가릴 정도였다고 한다.
아래_ 팔작지붕 기와집으로 사면에 우물마루를 두고, 중앙에는 방을 배치하였다.

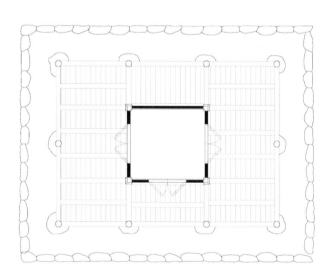

1 여닫이 세살 쌍창이다.
2 단정하고 깔끔하며 소박한 세살문이다.
3 면앙정. 봉산면 제월리 제봉산 자락에 있는데, '내려다보면 땅이, 우러러보면 하늘이, 그 가운데
정자가 있으니 풍월산천 속에서 한 백 년 살고자 한다.'라는 의미이다.
4 정자의 평난간이 이색적이다. 꾸밈없이 담백한 맛도 좋고 원형 안에 태극문양의 음각도 남다르다.

2-09. 명옥헌 원림 鳴玉軒 苑林 | 전남 담양군 고서면 산덕리 513

배롱나무가 아름다운 한국적인 원림

가장 한국적인 정원이 원림園林이다. 원림은 동산과 숲의 자연 상태를 그대로 조경으로 삼으면서 적절한 위치에 집과 정자를 지어 어울림의 마당을 이루어 놓은 것이다. 원림과 비슷한 용어인 정원은 도심 속의 주택에서 인위적인 조경 작업을 통하여 만든 것으로 건물 앞의 뜰을 가리키는 말이다. 한옥은 안마당에 나무나 꽃을 심지 않고 후원에 산과 더불어 산의 경사를 그대로 들여놓은 숲을 조성하는데, 이것을 우리는 고려시대 때부터 '원림'이라고 했다. 동산이나 계곡, 길을 인위적으로 바꾸지 않고 생긴 그대로를 이용해 정원을 꾸며 결코 자연을 거스르거나 훼손하지 않았다. 자연 풍광을 건물이 받고 자연은 한옥이 들어섬으로써 더욱 빛나는 상생의 집을 이루며 자연과 건축이 만나 화합하고 손을 잡는 자리였다. 현재 원림이라는 명칭을 사용하는 곳은 장흥의 부춘정 원림, 담양의 독수정 원림, 명옥헌 원림, 소쇄원, 화순의 임대정 원림 등이 있다.

명옥헌 원림은 조선 중기 오희도가 자연을 벗 삼아 살던 곳으로 그의 아들 오이정이 명옥헌을 짓고, 건물 앞뒤에는 네모난 연못을 파고 주위에 꽃나무를 심어 아름답게 가꾼 민간 정원으로 꼽힌다. 자연경관을 배경으로 도입한 자연 순응적인 전통정원양식이다. 명옥헌은 정면 3칸, 측면 2칸의 아담한 정자로 지붕은 측면에서 볼 때 여덟 팔八자 모양인 팔작지붕이다. 사방이 마루로 이루어져 있으며 가운데가 방으로 꾸며져 있고 사면을 돌아가며 평난간이 설치되어 있다.

명옥헌 원림은 배롱나무라고도 불리는 목백일홍으로 이름난 곳이다. 꽃이 100일 동안 핀다 하여 백일홍이고 목이 붙은 이유는 나무이기 때문이다. 일명 간지럼 나무라고도 하는데 나무를 간질이면 간지럼을 타서 떨리는 것을 확인할 수 있다. 꽃잎이 다 떨어질 때면 벼 수확할 때라고 하여 쌀밥나무라고도 불린다.

명옥헌 원림에는 특이하게 상지와 하지가 있는데, 하지는 상지에서 흘러내린 물을 모아 조성했다. 연못 사방이 각이 진 사각형 모양이고, 연못 가운데 둥근 섬이 있는 형태

인 조선시대 전통적인 방지중도형方池中島形 연못이다. 위쪽 연못은 장방형의 연못으로 계류에 접하고 있으며 가운데 섬을 만들었다. 아래쪽 연못은 경사지를 골라서 모서리만 둑을 쌓아 연못을 조성했으며, 동쪽 산기슭에는 석축을 쌓아 물길을 만들고 그 위에 다시 흙둑을 쌓아 자연스럽게 처리하였다. 명옥헌에서 아래 연못이 보이게 하여 두 연못 중에서 아래 연못과 건물이 어울리도록 조성되었다. 계곡의 물을 받아 연못을 꾸미고 주변을 조성한 솜씨가 자연을 거슬리지 않고 그대로 담아내어 자연과 더불어 어우러지려는 마음을 그대로 반영하였다. 연못 주위에는 배롱나무가 운치 있게 배치되어 있고 오른편에는 소나무 군락이 있다. 또한, 명옥헌 뒤편에는 고인이 된 이 지방의 이름난 선비들을 기려 제사를 드리던 도장사 터도 남아 있다.

명옥헌鳴玉軒이란 이름은 '한천의 흐르는 물소리가 옥이 부서지는 소리 같다.'라고 한 데서 비롯됐다고 한다. 건물에는 명옥헌 계축이라는 현판과 더불어 삼고三顧라는 편액이 걸려 있다. 인조가 왕이 되기 전 오희도를 세 번 찾아온 것을 기리기 위해 적어 놓은 글이다. 하지만, 오희도에게는 인조가 내린 벼슬을 받고 나간 출세 길이 곧 죽음의 길이 되었다. 관직을 받아 세상으로 나간 그해에 천연두에 걸려 41세를 일기로 한창나이에 죽고 말았다.

명옥헌의 오른편에는 '후산리 은행나무' 또는 '인조대왕 계마행仁祖大王 繫馬杏'이라 불리는 은행나무가 있다. 300년 이상 된 노거수로 인조가 왕이 되기 전에 전국을 돌아보다가 오희도를 찾아 이곳에 왔을 때 타고 온 말을

왼쪽_ 활주와 어울리는 백일홍. 정자 앞의 연못 주위에는 배롱나무가 있으며 7월 초부터 피기 시작하는 백일홍이 9월 초순까지 연못에 투영되어 장관을 이룬다.
오른쪽_ 명옥헌 후면. 원림園林은 동산과 숲의 자연 상태를 그대로 조경으로 삼으면서 적절한 위치에 건물과 정자를 배치한 것을 말한다.

정자와 누 113

매어 둔 곳이라 해서 이 이름이 붙었다고 한다. 2009년 9월 18일 명승 제58호로 지정되었다. 은행나무 자체가 아름답고 웅장하기도 하지만, 역사성을 지녀서 더욱 듬직해 보인다.

명옥헌은 정면 3칸, 측면 2칸의 팔작지붕 정자이다.

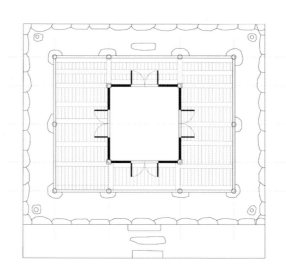

0   2   5   10m

위_ 명옥헌 기둥에 걸려 있는 주련과 '후산리 은행나무' 또는 '인조대왕 계마행仁組大王 繫馬杏'이라 불리는 300년 이상 된 은행나무가 역사를 말해 주고 있다.

아래_ 명옥헌 측면. 추녀 밑에 활주를 세우고 가운데 방을 중심으로 사면에 툇마루를 둘렀다.

1 연못 사방이 각이 진 사각형 모양이고, 연못 가운데 둥근 섬이
있는 형태인 조선시대 전통적인 방지중도형方池中島形 연못이다.
2 흙처마에 걸린 배롱나무가 피는 건 스스로 발흥에 겨워서이지만
사람이 사는 건 제 흥에 겨워서만은 아니다.
3 풍경은 펼쳐 놓아도 아름답고 가두어 놓아도 아름답다.
문얼굴 사이로 바라본 풍경은 제 스스로 아름답다.
4 여닫이 쌍창의 방과 우물마루의 모습.

1 고미반자. 단순하면서 오래된 자연의 멋이 묻어 있다.
2 명옥헌鳴玉軒이란 이름은 '한천의 흐르는 물소리가 옥이 부서지는 소리 같다.'라고 한 데서 비롯됐다.
3 백일홍과 그 자리에 있던 돌을 그대로 초석으로 삼은 덤벙주초가 한결 멋스럽다.
4 툇마루에 우물마루를 깔았다.
5 팔각기둥의 활주에 주두를 얹듯 다각형의 조각재를 끼워 치장했다.
6 담백하고 듬직한 평난간에 마음이 간다. 때로는 꾸밈보다 단순함에 마음이 끌린다.
7 방에 불을 넣기 위한 함실아궁이. 막돌로 둥글게 모양을 내었다. 투박함도 아름다움의 하나다.
8 명옥헌과 함께 세상을 살아온 배롱나무가 군락을 이루고 있다. 세월은 늙어가는 것이 아니라 완성되어가는 것임을 나무에서 본다.

2-10. 서하당

棲霞堂 | 전남 담양군 남면 지곡리 산 75-1

스승이며 장인인 임억령을 위하여 식영정을 지어 헌정한 김성원의 거처

서하당棲霞堂은 식영정, 부용정과 풍경을 주고받으며 인접하고 있다. 어느 것이 먼저인지를 주장하지 않고 서로 풍경을 공유하면서 세 정자는 어울림의 미학을 구현하고 있다. 식영정 아래 복원된 서하당은 조선 중기 문신인 김성원이 거처하던 곳이다. 김성원金成遠의 호는 서하棲霞이다. 명종 대인 1558년 사마시에 합격하였고, 1560년에 침랑이 되었다. 침랑은 종묘, 능, 원의 영과 참봉을 통틀어 이르는 말이다. 비교적 한직에다 시간이 나는 직책이었다. 이 시기에 서하당과 식영정은 지어졌다.

김성원은 정철보다 11년 연상이지만 환벽당에서 동문수학한 서로 막역한 사이였다. 나이는 차이가 많이 났지만, 함께 공부한 데다 통하는 바가 있어 자주 어울렸다. 이곳 서하당과 식영정은 정철의 시가 문학이 무르익고 탄생한 곳이기도 하다.

김성원은 스승이며 장인이기도 한 임억령을 위하여 식영정을 지었다 한다. 제자가 스승에게 정자를 지어 헌정하는 아름다운 미담이 탄생한다. 장인과 사위, 스승과 제자 사이라고 하지만 같이 시를 읊고 한 자리에서 어울리는 사이라면 스승과 제자, 장인과 사위이기 전에 인간적인 교류로 이루어진 남다른 인연의 깊이를 가졌지 않았나 싶다. 김성원과 임억령뿐만이 아니라 당대의 뛰어난 문장가요 시인이던 고경명과 정철이 합세하여 정자를 오가며 시와 철학을 논하고, 술과 더불어 풍류를 즐기며 흥에 겨운 세월을 보내기도 한 서하당과 식영정은 특별한 곳이다. 우리 시가 문학에 내로라하는 사람들 다수의 집합이 이곳에서 이루어졌으며 나이와 벼슬의 높낮이, 스승과 제자라는 경계마저 때로 허물면서 교유한 곳이다. 세상 사람들은 이들 김성원, 임억령, 고경명, 정철을 일러 '식영정사선息影亭四仙'이라 한다.

담양군 남면의 자미탄 개울은 뭔가 다른 느낌이 든다. 개울물이 흘러내려 가는 골짜기의 정자에 앉으면 신선들이 모여 앉아 있어 저절로 시간이 멈추면서 그들 사선四仙이 살던 시대로 거슬러 올라가는 듯한 착각에 빠지게 된다. 정자들이 한 숲에서 서로 이웃해 있지만 자리 잡은 모양새가 나름의 개성으로 각기 다른 풍광을 이루며 서 있다.

서하당을 지은 해는 명종 대인 1560년이다. 서하당은 식영정 아래에 있는 부속건물이라고 할 수 있다. 『서하당유고』 행장에 이렇게 기록되어 있다.

김성원이 자신의 장인인 임억령을 위해서 식영정을 세우고, 그 아래에 자신의 호를 딴 정자를 지었는데 이를 서하당이라 한다. 그가 36세 되던 해인 1560년에 식영정과 서하당을 지었다.

하지만, 서하당은 최근에 다시 복원되었다. 서하당 옆에는 부용당이라는 정자가 있는데 1972년에 세워진 것이다. 그리고 1973년 『송강집』 목판의 보관을 위해서 그 옆에 장서각을 세운다.

김성원의 죽음은 안타깝다. 임진왜란 때 동복현감으로 각지의 의병들과 제휴하여 현민을 보호하면서 어머니와 함께 성모산성으로 피신하였으나, 적병을 만나 몸으로 어머니를 보호하다가 함께 살해되었다. 훗날 사람들이 그를 기리며 그 산을 모호산母護山이라 이름 붙였다.

왼쪽 위_ 서하당 정면으로 정면 3칸, 측면 2칸의 팔작지붕 정자이다. 기단과 계단이 건물을 더욱 빛나게 한다. 적당한 높이에 적당한 넓이로 자리 잡았다.
왼쪽 아래_ 서하당 측면. 두 단으로 된 자연석기단 위에 평난간을 한 우물마루이다.
오른쪽_ 서하당. 김성원이 식영정 바로 곁에 본인의 호를 따서 지은 정자이나 최근에 새로 지은 건물이다.

1 정철은 이곳 식영정과 서하당, 환벽당, 송강정 등 성산 일대의 화려한 자연경관을 벗 삼으며 『성산별곡』을 창작했다.
2 정자에서 입구 쪽을 바라본 모습으로 맞배지붕의 일각문이 보인다.
3 기단이랄 것도 없이 마당과 별반 차이가 없이 돌을 놓았다. 낙숫물이나 처리하려는 마음이었나 보다.
4 평난간이 계자난간보다 안정되어 보인다. 평난간 중에 난간동자 사이를 청판 대신 창처럼 살대로 엮은 난간을 교란이라 하는데 아자 모양의 교란을 선택했다.
5 서하당. 서하 김성원은 자신의 호를 그대로 정자의 이름에 붙였다.

1 와편굴뚝. 굴뚝에 연기가 나야만 살아 있는 집 같다.
2 아궁이에 불이 들어간다. 불은 원초적인 생명력을 닮아
묘한 끌림이 있다. 집에는 여름에도 습기를 제거하기 위하여
불을 때 준다. 군불이라고 한다.
3 서하당 옆에 지은 부용당은 정면 1칸, 측면 2칸의
팔작지붕의 누마루로 특이한 것은 한쪽 귀퉁이로 방을 몰아붙이고
사면을 마루로 연결했다.
4 마루에서 산 쪽을 바라본 모습.
5 누마루에서 바라본 푸른 숲이 시원하다.
6 난간의 하엽과 구성을 단순하게 만들었다. 단순함의 장점은
질리지 않는다는 점이다.

2-11. 송강정 松江亭 | 전남 담양군 고서면 원강리 274

정철의 시가문학 탄생지로서의 의미가 한결 듬직한 무게로 실린 곳

시대와 화합하지 못하는 사람들이 시인이 되는지 대부분의 뛰어난 시인들은 시대와 한바탕 싸움을 벌였다. 언뜻 시가 주는 호젓함과 은둔 그리고 풍류와는 다른 생을 살아간 사람들이 좋은 시를 남겼고 또 많은 시를 썼다. 시는 애초에 불의와 전쟁을 불사하는 기질이 있지 않나 싶다. 귀양지에서 죽음을 맞는 기분이 어땠을까 생각해 본다. 인생을 덮쳐오는 풍파가 삶에 대해 더 깊은 생각을 하게 했고 그만큼의 철학을 드리운 시가 문학의 성취를 이루어 냈을 것이다.

정철은 시인이기 이전에 정치인이었다. 정철은 정치적으로 서인이었는데 동인들의 압박에 못 이겨 대사헌의 자리를 그만두고 낙향하여 초막을 짓고 살았다. 당시에는 그 초막을 죽록정이라 불렀다. 지금의 정자는 후손들이 정철을 기리기 위해 1770년에 세운 것인데, 그때 이름을 송강정이라 하였다. 정자 모양새의 기품보다는 한국 시가 문학의 큰 산을 이룬 정철의 시가 문학 탄생지로서의 의미가 한결 듬직한 무게로 실린다. 정철은 이곳에 머물면서 식영정息影亭을 왕래하며 「사미인곡」과 「속미인곡」을 비롯하여 많은 시가와 가사를 지었다.

『송강별집』 권7 「기옹소록」에 따르면 「사미인곡」을 지은 연대는 창평으로 돌아온 해인 1585년으로부터 2~3년 뒤가 된다. 「사미인곡」은 제명 그대로 연군지정을 읊은 노래이다. 임금을 사모하는 심경을 남편과 이별하고 사는 부인의 심사에 비유하여 자신의 충정을 고백한 내용으로 아름다운 가사 문학의 정취가 배어나는 글이다. 이 시기에 정철은 실의에 빠져 세상을 비관하며 음주와 영탄으로 세월을 보냈다.

정철의 은거와 관련된 송강정은 동남향으로 앉았다. 정면 3칸, 측면 3칸의 팔작지붕으로 중재실中齋室이 있는 구조로, 전면과 양쪽이 마루이고 가운데 칸에 방을 배치하였다. 지금도 정자의 정면에 '송강정松江亭'이라고 새긴 편액이 있고, 측면 처마 밑에는 '죽록정'이라는 편액이 보인다. 둘레에는 정철鄭澈의 호인 송강松江이 의미하는 것처럼 노송과 대나무가 무성한데, 두 나무 모두 정절挺節을 뜻하는 나무이다. 앞에는 평야, 뒤에는 증암천이 펼쳐져 있다. 강의 흐름과 노송의 정지된 침묵이 이루어 내는 경치는 정철의 문학만큼이나 깊은 의미도 함께 흐르면서 송강정은 의연히 서 있다. 멀리 보이는 무등산이 듬직하다. 송강정은 정철의 문학이 태어난 곳으로 「사미인곡」과 「속미인곡」을 이곳에서 지었다. 정자 옆에는 시비가 세워져 있다. 시인은 갔어도 시는 오늘 일처럼 친근하게 다가온다.

정철이 27세에 과거에 급제하여 들어선 벼슬길은 동서 당쟁이 극심했던 선조 대의 시대적 분위기와 맞물려 파란만장했다. 선조의 신임과 사랑을 받았지만, 탄핵을 받아 물러나고 들기를 여러 차례 했다. 동서 붕당으로 갈려 불꽃 튀는 싸움이 계속되던 시절에 화를 입을 것이 뻔한 상황에서 앞장서서 싸우기를 주저하지 않았던 정철의 성격상 정치가로서의 그의 삶은 파란의 연속이었다. 당쟁에 휘말려 강화도에 유배된 그는 58세를 일기로 쓸쓸히 일생을 마쳤다.

한 잔盞 먹새근여
또 한 잔 먹새근여
곳 것거 산算 노코
무진무진無盡無盡 먹새근여

정철의 「장진주사將進酒辭」 앞부분이다. 허망과 허망 사이, 눈물과 눈물 사이를 오가며 살다간 사나이, 정철. 눈물 고개가 몇 번이었고 세상을 손에 쥔 듯이 호탕했던 적이 몇 번이었겠지만, 술과 시와 노래로 인생길을 걸어갔던 정철. 그가 살다 간 세상은 당쟁으로 소용돌이치던 흙탕물 같은 세상이었지만, 노래만은 아직도 살아남아 꽃이 피었다 지듯이 현재를 살아가는 사람들의 가슴에 머물다 지곤 한다.

왼쪽_ 툇마루를 우물마루로 했다.
오른쪽_ 정자가 숲에 가려 잘 보이지 않는다. 정자 앞으로 흐르는 증암천은 송강松江 또는 죽록천이라고도 한다.

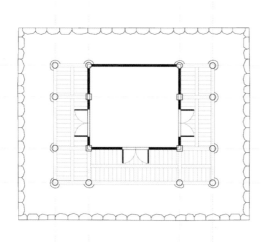

0   2   5   10m

위_ 정철의 은거와 관련된 송강정은 동남향으로 앉아 있으며, 건물규모는 정면 3칸, 측면 3칸이고 팔작지붕 기와집이다. 중재실中齋室이 있는 구조로, 전면과 양쪽이 마루이고 가운데 칸에 방을 배치하였다.

아래_ 정철은 이곳에 머물면서 식영정을 왕래하며 「사미인곡」, 「속미인곡」을 비롯하여 많은 시가와 가사를 지었다.

1 머름 위 여닫이 세살 쌍창이다.

2 합각의 박공에 박은 방환과 부고 위 암키와를 여러 장 쌓은 적새가 특이하다.

3 죽록정. 당쟁의 소용돌이 속에서 동인의 탄핵을 받아 은거생활을 했다.
여기에서 초막을 짓고 살았는데 당시에는 이 초막을 죽록정竹綠亭이라 불렀다 한다.
지금의 정자는 1770년에 후손들이 그를 기리기 위해 세우고 송강정이라 하였다.

4 디딤돌과 마루 귀틀을 고정한 원두정 장식이다.

5 창방, 장혀, 도리가 귓기둥에서 결구된 가구구성이 남성적인 단순미를 보여 준다.

2-12. 식영정 息影亭 | 전남 담양군 남면 지곡리 산75-1

그림자도 쉬어 가는 정자

식영息影이란 '그림자를 끊는다.'라는 뜻이다. 또는 '그림자가 쉬는 정자'를 뜻하기도 한다. 장자는 그림자를 욕망의 상징이라고 했다. 그림자를 끊거나 쉬게 한다는 것은 욕망으로부터 자유로워진 상태를 말한다. 옛날에 그림자를 무서워한 사람이 있었다. 낮에 달려가는데 그림자가 따라오는 것을 보고 있는 힘을 다해 떨쳐내려 했다. 아무리 빨리 달려도 그림자 역시 쉬지 않고 따라오는데 나무 그늘에 이르러서야 문득 보이지 않았다. 말했듯이 그림자는 사람의 욕망인데 세상에 살면서 욕망을 끊기는 어렵다. 세상에서 벗어나 시를 짓고 세월과 한바탕 놀면서 그 그림자마저 없애버리고 신선처럼 살자는 데서 유래한 말이다.

식영정은 김성원이 그의 스승이자 장인인 임억령을 위해 지은 정자다. 『서하당유고』의 기록에 따르면 명종 15년, 1560년에 지었다고 한다. 조선 중기의 학자이자 정치가인 송강 정철이 성산에 와 있을 때 머물렀던 곳 중의 하나이며, 또한 정철의 시가문학의 산실을 이야기하면서 빼놓을 수 없는 곳 중의 하나이다. 김성원은 정철의 처가 쪽 친척이며, 송강이 성산에 와 있을 때 함께 수학하던 동문이다. 정철은 명종 대인 1561년에 27세의 나이로 과거에 급제하여 벼슬을 지내다가 정권 다툼으로 벼슬을 그만두고 고향에 내려와 이곳 식영정을 무대로 하여 많은 선비와 교분을 나누었다. 당시 「성산별곡」를 포함한 여러 문학작품이 이곳에서 탄생했다.

식영정은 정면 2칸, 측면 2칸 규모의 팔작지붕을 한 정자이다. 한쪽 귀퉁이로 방을 몰아붙이고 정면과 측면을 마루로 한 것이 특이하다. 정자 하나가 주는 위안과 환희가 때로는 크다. 지쳐 있는 한 사람을 활력으로 이끌기도 하고, 고독에서 교유의 세계로 안내하기도 한다. 식영정은 인간 정철이 세상으로부터 지쳤을 때 찾아와 쉬면서 노래하고 즐기던 곳이었다.

정철은 이곳 식영정과 환벽당, 송강정 등 성산 일대의 미려한 자연경관을 벗 삼으며 「성산별곡」을 창작해 냈다. 또한, 송강은 이곳을 무대로 하여 송순, 김인후, 기대승 등 당대 조선을 대표하던 사람들을 스승으로 삼아 고경명, 백광훈, 송익필 등과 교우하면서 시문을 익혔다. 이곳은 풍광이 수려하여 자연을 즐기며 감상하기에 더없이 좋은 곳이다. 식영정 외에도 세상으로부터 떨어져 시와 더불어 풍류를 즐기기에 좋은 곳이 많다. 자미탄, 견로암, 방초주, 조대, 부용당, 서석대 등이 있었으나 지금은 광주호가 생겨 일대가 많이 변했다. 부용당 터에 부용당 건물을 최근 새로 지었다. 송강은 이곳 성산에서 「성산별곡」 이외에도 「식영정 20영」을 비롯하여 「식영정 잡영」 10수 등 수많은 한시와 단가 등을 남겼다.

정철은 빼어난 인물이었다. 기대승이 일찍이 산에 올라가다가 맑고 깨끗한 수석 한 개를 보았다. 그때 어떤 사람이 기대승에게 묻기를 "세상 사람 중에 이같이 맑은 돌에 비길 만한 사람이 있습니까?" 하니, 기대승이 "오직 정철이 그러할 것이다."라고 말하였다. 맑은 만큼 직선적이고 거칠 것이 없어서 적을 많이 만들었다. 정철은 벼슬을 하는 동안 여러 번 유배를 당한다. 정철이 여러 곳에서 임금에 대한 사랑을 노래하고 있지만 이러한 과정에서 세상에 대한 애증이 싹텄을 것이다. 정철의 시에 그러한 심정이 잘 녹아 있다.

宇宙殘生在 우주잔생재　우주에 남은 쇠잔한 인생이여
江湖白髮多 강호백발다　강호에서 늙어만 가는구나
明時休痛哭 명시휴통곡　밝은 시간, 통곡도 못하니
醉後一長歌 취후일장가　취한 후에 길게 노래나 부르리라

왼쪽_ 계단은 한 계단씩 상승하고 있지만, 세상살이는 오르고 내림의 연속이다. 그래도 길이 아름답다.
오른쪽_ 식영정으로 오르는 길. 식영정은 정철 가사문학의 산실을 이야기하면서 빼놓을 수 없는 곳 중의 하나이다. 정철은 이 길을 숱하게 오르내렸을 것이다.

1 조선 문학을 한 단계 올려놓은 정철이 머물렀던 정자는 새로 지어 말끔하지만 애초에는 초가였다. 지금은 시인의 장소가 아니라 적막의 장소다.
2 식영정은 정면 2칸·측면 2칸의 규모로, 지붕은 팔작지붕이다. 김성원이 그의 스승이자 장인인 임억령을 위해 지은 정자다. 『서하당유고』의 기록에 따르면 명종 15년, 1560년에 지었다고 한다.
3 한쪽 귀퉁이로 방을 몰아붙이고 정면과 측면을 툇마루로 했다.

1 들어걸개문 위로 식영정 편액이 보인다.
2 툇마루에 걸터앉으면 세상의 경계에 서 있는 느낌이 들 때가 있다.
툇마루는 나아가려는 사람에게는 출발이지만 귀가 시에는 세상으로부터는 마지막 자리이다.
3 식영정의 후면. 임억령, 김성원, 고경명, 정철 등과 식영정에서 자주 시회를 열었다.
이들의 모습이 마치 네 신선이 노니는 듯하다 하여 사람들은 식영정을 일명
사선정四仙亭이라고도 불렀다.
4 자연석초석에 세워진 귓기둥이다. 계단을 오르면 정원과 소나무 숲이 이어진다.
5 충량이 사람의 인생 굽이처럼 굴곡의 역동적인 힘이 보인다.
6 식영정. 그림자는 사람의 욕망인데 세상에 살면서 욕망을 끊기는 어렵다.
세상으로부터 떠나와서 그림자마저 없애버리고 신선처럼 살자는 바람이 표현된 이름이다.
7 판벽 사이로 문설주를 대여 문얼굴을 만들었다.
8 방에서 측면 툇마루를 통해서 바라본 풍경이다. 소나무가 군락을 이루며 서 있다.

정자와 누

2-13. 열화정 悅話亭 | 전남 보성군 득량면 오봉리 강골마을

툇마루에 앉아 바깥세상을 내다볼 수 있는 정자

영화 촬영지로 주목받는 곳이다. 열화정의 고즈넉하고 아름다운 모습을 영상에 담을 수 있기 때문이다. 그만큼 풍광이 뛰어나고 정자가 주는 자연과의 어울림이나 독자적인 아름다움이 빛난다. 중요민속자료 제162호인 열화정은 조선 헌종 때인 1845년에 이진만이 후진양성을 위해 건립하였다. 마당 앞에 있는 연못과 우물을 비롯해 정원의 벚나무, 목련, 대나무 등이 자연스럽게 어우러져 전통적인 한국 조경의 미를 간직하고 있다.

열화정은 정자이면서도 하나의 독립된 공간을 구성하고 있다. 마을과는 일정 거리를 둔 풍광이 좋은 곳에, 세상과 자연과의 거리가 시야에서 보이거나 걸어서 충분히 갈 수 있는 곳에 정자를 지었다. 선비들의 관심은 자연이 아니라 사람들이 모여 있는 사회였고 세상이었다. 선비들에게 있어서 풍류는 언제나 세상과 동떨어진 풍류가 아니라 세상과 늘 함께하는 풍류였다. 그래서 정자는 남성들의 사교장이자 휴식공간이었다. 그 가운데서 시를 읊고 강학을 하고 토론을 하기도 했다. 물론 익살과 해학이 빠지지 않았고, 그들의 풍류를 더욱 돋우어 줄 기생들이 있었다. 정자는 눈에 띄지 않으면서도 자연을 곁에 두고 즐길 수 있게 한 집의 사랑채 구실을 하는, 적어도 성공했거나 성공을 꿈꾸는 사내들의 공간이었다.

열화정은 아름다운 분위기를 간직한 마을 뒤 깊숙한 숲 가운데 자리 잡고 있다. 다른 정자들이 종가에서 관리하거나 국가나 지자체에서 관리를 맡거나 하고 있지만, 열화정은 강골마을의 공동소유이다. 작은 개울을 따라 올라가다 보면 4개의 기둥을 세워서 사주문을 세우고, 그 뒤쪽 마당을 지나면 축대를 쌓은 그 위에 기품 있고 의젓한 선비의 풍모를 지닌 정자가 있다. 정자는 정면 4칸, 측면 2칸으로 ㄱ자형의 누마루 집이다. 누樓란 통상 2층 형태의 누각을 말한다. 집의 구성은 가로 칸 가운데 3칸에 방이 좌우로 있고, 세로 칸은 누마루가 있다. 방의 앞뒤에도 툇마루가 있으며, 아랫방 뒤는 골방이고 방 아래쪽에는 불을 지피기 위한 공간이 있다. 열화정 앞에는 아담한 문과 연못이 있다.

벚나무, 목련나무, 석류나무, 대나무 등이 정원에 심어져 있어 아름다운 공간을 연출한다. 별다른 정원을 만들지 않았으나, 정원에 있는 나무들이 주변의 숲과 어깨를 같이하고 있어 정원이 곧 숲이고 숲이 곧 정원이 되고 있다. 이는 전통적인 우리나라 조경 방법의 하나이다.

열화정 주위에는 대숲이 깊은 그늘을 만들어주고 있다. 선비의 정자답다. 마치 은둔을 지향한 곳 같다. 소쇄원이 전망이 탁 트인 곳이라면 열화정은 자연에 묻힌 감이 든다. 자연과 정자의 만남이 숲으로 들어 침묵을 받아들이고 있다. 열화정 내에는 연못이 있다. 열화정이 정자의 이름이라면 연정은 누마루로 만들어진 중심공간을 이르는 말로 연정蓮亭이라는 현판이 걸려 있다. 연정이라는 공간이 가진 의미가 말해주듯 제철에는 연꽃구경을 할 수 있었을 것이다. 바위도 한 자리 차지하고 돌탑 같은 모양도 만들어놓았다. 녹음이 자리하는 연못은 깊은 숲 속의 정원 같다. ㄱ자형 누마루건물인데 누마루의 앞과 양 측면에는 쪽마루를 내밀어서 계자난간을 설치했다.

열화정은 자연석 허튼층쌓기의 높은 축대 위에 자리 잡아 듬직한 어른의 풍모를 갖추고 있다. 높은 덤벙주초 위에 원기둥을 세워 편안함을 보인다. 기둥머리는 굴도리 아래에 장혀를 받치고 소로를 끼워 장혀 모양의 창방을 냈다. 종도리는 장혀만 받쳤으며, 사다리꼴 판대공으로 지지하였다. 대들보는 네모꼴로서 모를 죽인 정도이고 굽은 부재를 사용했다. 지붕은 팔작지붕이다.

왼쪽_ 누마루의 앞과 양 측면에는 계자난간을 설치했다. 돌출된 난간 밑에는 누하주를 세웠고, 그 앞에는 장주초석을 한 활주를 2개 세웠다.
오른쪽_ 이진만이 후진을 양성하려고 지은 정자다. 정자의 마당에는 여기저기 오래 묵은 꽃나무들이 심어져 있고, 뒤편으로는 울창한 산림과 대밭이 있어 운치를 더하고 있다.

정자와 누 🏯 **131**

왼쪽_ ㄱ자형으로 지어진 열화정은 산을 등지고 앉아
앞에는 연못을 두었다. 연못에 물이 차면 물길을 내어 비탈진 내를 따라
마을로 흘러간다.
오른쪽_ 원기둥을 한 겹집이다. 열화정은 정자이면서도
하나의 독립된 공간을 구성하는 곳이다. 정자는 경치가 빼어난 곳에
있으며, 남성들의 휴식공간이기도 하다.

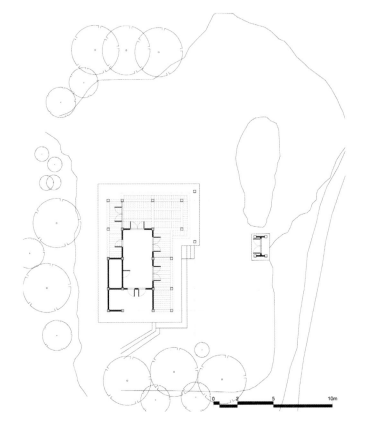

1 사계절 그 모습이 달라지는 열화정에서는 시간이 흘러가는 모습을 확인할 수 있으리라.
2 소박한 구조로 지어진 열화정은 마을에서 조금 위로 걸어 올라가야 한다. 주변은 숲이며, 앞으로는 ㄱ자형의 연못을 두었다.
3 영화 「서편제」와 「태백산맥」, 김대승 감독의 「혈의 누」등에 이곳 열화정이 나온다. 열화정은 그만큼 자연 그대로를 보여주는 아름다움을 지키고 있다.

위_ 열화정이 지닌 멋은 자연스러움이다. 연못 뒤로 아담한 토석담과 사주문이 보인다.
아래_ 열화정은 짜임새가 있는 공간구성이다. 공간 구성과 건물과 연못의 배치에 고심한 흔적이 보인다.

1 주변에는 대나무를 심어 바람이 불면
댓잎 사각거리는 소리가 열화정의 운치를 더한다.
토석담과 대나무의 정취가 빼어나다.
2 고살. 물이 흘러가는 대로 물길을 냈고 작은 물길을 건너는
돌 하나에 잠시 머물고 싶어진다. 그리움으로 아파 본 사람은
물이 흘러가는 것을 막는 일이 얼마나 힘든 일인 줄을 안다.
3 바람이 지나가는 것을 풍경이 먼저 안다.
소리가 쨍그랑거리며 마당에 떨어지지 않으면 바람이 온 것을 알 수가 없다.
4 장주초석 위에 사주문의 팔각기둥을 세웠다.
5 사주문이 말끔한 모습으로 서 있다.
낮은 담이 마음의 부담을 덜어 준다. 담이 높은 집은
가까이하기가 쉽지 않다.
6 열화정. 맛있게 나누는 대화가
열화인지, 즐겁게 나누는 대화가 열화인지를
가늠하기 어렵다. 마음속에 담아 둔 사람과 나누는 이야기라면
세월이 흘러가는 것도 모를 것이다.

2-14. 청암정

青巖亭 | 경북 봉화군 봉화읍 유곡리 닭실마을

청암정이란 선경을 만든 주인의 마음에도 아름다운 생이 어렸을까

청암정青巖亭. 거북 모양의 너럭바위 위에 지은 정자로, 연못을 파고 냇물을 끌어들여 평석교를 건너야 정자로 들어갈 수 있게 하여 운치가 있다. 정자 주위로는 향나무, 단풍나무, 느티나무 등이 있어 사시사철 멋진 풍광을 연출한다. 청암정의 경치가 사람을 사로잡지만 들어가는 입구에 놓인 장대석 평석교가 먼저 사람을 흐뭇하게 한다. 바위에 턱 하니 몸을 걸치고 앉은 청암정의 자태가 마음을 내려놓은 듯 득도한 모습이더니, 청암정으로 건너가는 평석교는 풍류를 아는 모습이다.

청암정은 권벌이 기묘사화와 연루되어 파직당하고 이곳으로 내려와 도학연구에 몰두했던 곳으로, 석천계곡으로 가다 오른쪽으로 논밭을 넘어 한옥이 넓게 자리 잡은 한쪽에 한적하게 서 있다. 정자 안에는 허목, 채제공, 이황 등 조선 중·후기 명필들의 글씨를 새긴 편액이 즐비하니 걸려 있어 옛 문인들이 이 청암정의 경치를 얼마나 칭송하였는지를 엿볼 수 있다.

닭실마을은 안동 권씨 중에서도 조선 중종 때의 문신인 충재 권벌을 중심으로 한 일가의 동족마을이다. 본래 닭실마을은 권벌의 5대조가 안동에서 옮겨와 자리 잡은 곳으로, 권벌 이래로 매우 번창했기 때문에 이들을 대외적으로 알려진 안동 권씨 말고 특별히 마을의 이름을 따 '유곡 권씨'라고 지칭하기도 한다. 닭실마을은 권벌의 후손이 500년간 집성촌을 이루고 살아온 본 터이며 많은 인재를 배출한 마을로, 사적 및 명승 제3호인 '내성유곡 권충재관계유적'으로 지정되어 있다. 대부분의 유곡酉谷의 유적들은 권벌이 기묘사화로 파직되었던 동안 머물면서 이룬 자취들이다. 닭실마을에는 권벌 선생의 종가가 있는데, 청암정은 이 종가 서쪽에 있으며 충재 선생이 1526년 봄에 재사와 함께 지었으니 역사가 500년이 다 되어 간다.

청암정은 거북바위 위에 지은 고무래 정丁자형의 건물이다. 전체 6칸으로 마루 옆에 2칸의 마루방을 만들어 놓았다. 마루방은 양측에 퇴를 내고 삼면에 계자난간을 둘러 멋과 실용을 겸하였다. 누대는 팔작지붕 건물로 삼면이 터졌

고 마루방 건물은 맞배지붕 건물로 사방에 열 짝의 문을 달았다. 누대와 마루방 사이에는 두꺼운 종이를 양면에 바른 들어걸개인 맹장지문을 달아 넓게 쓰도록 했으며, 외벽에는 나무판을 댄 골판문을 달아 추위를 막을 수 있게 하였다. 이런 구조의 마루방은 온돌이 제격인데 마루방으로 드리게 된 이야기가 전해져 온다. 처음에는 온돌방을 드렸다. 불을 넣자 바위가 소리를 내어 울어 괴이하게 생각하던 차에 어느 날 고승이 지나가다가 연기가 나는 것을 보고 "여기는 연기가 날 자리가 아니다. 거북이 등에 불을 때면 되겠느냐?"라고 충고하여 마루방으로 바꾸었다고 한다. 온돌이 없으니 권벌은 추운 날에는 청암정 앞에 지은 3칸짜리 서재인 충재에서 지냈을 것이다.

정자 주변으로는 척촉천躑燭泉이란 연못을 두르고 돌다리를 놓았다. 철쭉을 척촉躑燭이라 하는데 이 한자 이름에서 유래한 듯하다. 또한, 척촉에는 가던 길을 더 가지 못하고 걸음을 머뭇거린다는 뜻이 담겨 있다. 봄날에 꽃이 피었으니 황송한 마음에 함부로 발걸음을 재촉할 수 없었을 사람의 마음이 읽힌다. 연못을 판 이유도 다 사연이 있었다. 거북바위 위에 청암정을 지었으니 거북을 위하여 물을 마련해 주려는 주인의 배려였다. 청암정이 아름다운 이유는 무엇보다 연못이 있어서다. 연못이 있으니 다리가 걸리고 다리 밑 물에 어린 청암정이며 나무들이 여간 고운 게 아니다. 사람이 잠 못 드는 아픈 밤에도 선경은 그 자리에서 아름답기만 하다.

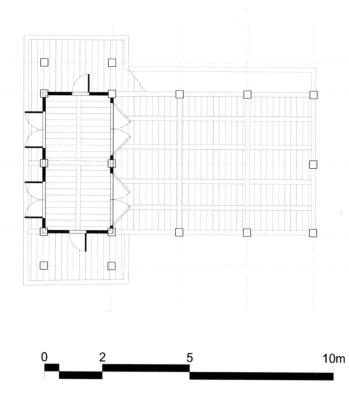

위_ 장대석으로 평석교를 놓았다.
물 위에 거북이가 떠 있고 그 위에 정자가 놓인 형상이다.
아래_ 선경이 따로 없다.
물의 신비로움이 한껏 발휘되는 곳이 청암정이다.

0   2   5   10m

위_ 청암정 연못 바닥이 주변의 논 높이보다 높아서 물이 쉽게 빠지므로 마을 앞을 흐르는 개울물을 끌어들였다. 그러나 요즘에는 논에 물을 대고 나서야 차례가 오기 때문에 연못에 물이 제대로 찬 것을 보기가 어렵다.
아래_ 충재. 권벌의 서재로 사용하던 곳이다. 청암정에 불을 들일 수 없으니 겨울공간으로 사용했을 것으로 보인다.

1 충재 서재. 정면 3칸 규모의 삼량가 맞배지붕으로 건물이 단순하고 소박하다.
2 판벽 사이로 여닫이 세살청판 쌍창이 보인다. 조선 중종 때 경회루에서 어전 연회가 끝나고서 『근사록』이란 책이 바닥에 떨어져 있는 것을 발견했다는
보고를 받은 중종은 "그 책은 권벌이 보던 책일 것이다."라고 하였을 정도로 권벌은 독서를 즐겼다.
3 3칸 서재인 충재 후면에는 청암정 쪽으로 쪽마루를 내었다.
4 판벽 사이로 투박한 문얼굴에 여닫이 독창과 영쌍창이 소박하다.

1 충재 서재의 문얼굴 사이로 청암정이 보인다.
2 연못을 건너는 평석교가 또 하나의 풍경이다. 인공연못임에도 자연스러워 보인다.
거북이 등과 같이 생긴 모습과 그곳으로 들어가는 평석교의 투박함이 잘 어울린다.
3 청암정은 거북바위 위에 지은 고무래 정T자형의 건물이다.
전체 6칸으로 마루 옆에 2칸의 마루방을 만들어 놓았다.

1

2

3

1

2

3

1 활주. 추녀 밑을 받치는 보조기둥이다.
2 자연 그대로의 암석 위에 정자를 지어 정자의 배치가 쉽지 않았음을 보게 된다.
그것이 오히려 특별한 느낌이 든다.
3 바위를 평평하게 다듬지 않고 자연 모습 그대로 살려 초석과 기둥 길이로 조정하여
위치에 따라 기둥의 높이가 각각 다르다.

1 청암정 편액.
2 무고주 오량가로 긋기단청을 하였다.
3 천장 구성이 시원하다. 종보 위로 대공을 설치하였다.
4 3평주 오량가로 가칠단청 위에 선만을 그어 마무리한 긋기단청이다.
5 외기에 긋기단청을 했다. 단청이 단조로우면서도 나름의 멋을 담고 있다.
6 여닫이 옆에 작은 창을 내어 문을 열지 않고도 밖의 동태를 살필 수 있는 눈꼽재기창이다.
7 일각문의 안과 밖에 까치발을 댔다. 문의 크기에 비해 지붕이 커 보인다.
8 방의 들어걸개문과 편액. '청암수석靑巖水石'이라 새긴 허목이 쓴 편액이다. 눈꼽재기창이 앙증스럽다.
9 평석교 풍취가 단순하고 거친 듯하지만, 가로축과 세로축의 구성이 뛰어나고 기발하다.

2-15. 탁청정

濯淸亭 | 경북 안동시 와룡면 오천리 산28-1 군자마을

사대부의 신분으로 부녀자들의 관심사였던 요리서를 저술한 김수의 정자

한옥의 아름다움은 어울림이다. 한옥은 자연과 사람이 하나의 풍경으로 잘 어울리면 좋은 집을 지었다고 한다. 그만큼 한옥은 주변 환경과 함께 어우러지도록 지어진 친환경적인 집이다. 한옥을 자세히 들여다보면 이곳보다 더 좋은 곳은 없으리라는 생각이 들 정도로 저마다 특징과 표정을 취하는 바, 아름다움이 다르면서도 기품이 있는 제각기 매력을 지녔다고 할 수 있다.

탁청정濯淸亭은 광산 김씨 집성촌인 안동 와룡면 오천리에 있는 정자의 이름으로 이 정자를 지은 김수金綏의 호이기도 하다. 탁청정은 김수가 지은 가옥에 딸린 정자로 중종 대인 1541년에 지어졌으며, 정자의 공포가 고급스럽고 오래된 형태로 개인의 정자로는 영남지방에 남아 있는 다른 정자보다 웅장하고 우아하다. 탁청정이 처음 지어졌을 때에는 규모만 큰 것이 아니라 멋스러움을 들여놓기 위해서 단청을 입혀 화려하기까지 했다. 퇴계 선생이 낙성연에 초대되어 강을 건너 오천으로 가던 길에 정자를 보고 '선비의 집이 너무 호사스럽다.'라고 하여 오르기를 꺼렸다는 이야기가 전해진다. 탁청정은 많은 선비가 찾는 안동의 명소였다고 한다. 이 정자 현판의 '탁청정'이라는 글씨를 쓴 사람은 당대 최고의 명필로 꼽히는 한석봉이다.

김수는 중종 대인 1525년 생원시에 합격하였으나 더는 관직에 뜻을 두지 않고 주로 안동 예안면 오천동에 거주하며 집안을 돌보았다. 조선 전기의 식생활문화를 알려주는 귀중한 요리서인 『수운잡방需雲雜方』의 저자이다. 사대부의 신분으로서 부녀자들

의 관심사였던 요리책을 저술할 만큼 실용성과 탐미적인 세계를 적절히 조화해낸 인물이었다. '수운需雲'은 격조를 지닌 음식문화를 뜻하며, '잡방雜方'은 여러 가지 조리방법을 뜻한다. 즉, 풍류를 아는 사람들에게 걸맞은 요리를 만드는 방법을 의미한다. 상하 두 권으로 되어 술 빚기 등 경상북도 안동 지방의 121가지 음식의 조리법을 담고 있다.

탁청정 앞 네모난 연못은 운치를 더한다. 사각 연못을 정자 가까운 곳에 둔 것은 당시 선비들이 가진 자연관과 미학의 한 단면이다. 정자 마루에 앉아 연못에 핀 연꽃을 바라보며 시를 쓰던 김수의 모습이 그려진다. 지금은 김수도 가고 그곳을 드나들던 선비들도 다 떠난 빈 정자지만 운치만은 여전하다. 누마루 아래는 3단의 계단식이고 기둥은 높고 낮은 여러 층으로 되어 있어 다른 곳에서 찾아보기 어려운 구조이다. 주춧돌은 돌절구를 엎어놓은 모양이다.

왼쪽_ 방 안에 방이 있고 방 안 벽장에 여닫이 세살 쌍창이 두 개 달렸다.
오른쪽_ 정면 3칸, 측면 2칸의 팔작지붕에 2칸은 방으로, 4칸은 대청마루로 나누었다. 누마루 둘레에는 계자난간을 둘렀고 온돌방 측면에는 평난간을 둘렀다.

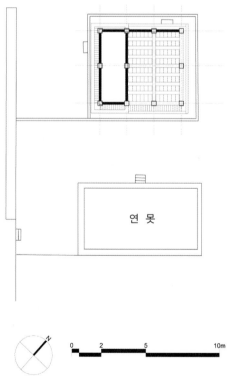

연 못

0 2 5 10m

위_ 정면 3칸, 측면 2칸 규모인데, 정면보다
측면의 칸 사이를 넓게 하여 거의 정사각형에 가까운 모습이다.
아래_ 건축 당시에는 단청이 있었다고 하는데 지금은 흔적도 찾아볼 수 없다.
원래는 낙동강에서 가까운 오천리에 있었으나, 안동댐 건설로 말미암아
1974년 지금 위치로 옮겼다.

1 들어걸개문 사이로 세살문의 전시장같이 영쌍창, 세살청판문, 눈꼽재기창으로 쓰였을 여닫이 독창이 조화롭다.
2 낮은 기단 위에 탁청정은 앉혀졌다. 장마루인 쪽마루, 배흘림한 원기둥, 널판을 세워 무닛결이 살아 있는 우리판문, 오래된 형태의 공포 등 고급스럽고 화려하다.
3 대청은 주춧돌 위에 높이 세워 누마루의 위용을 강조했고, 누마루 둘레에는 계자난간을 둘렀다.
4 드물게 판벽을 통판으로 했고 널판문은 무닛결이 살아 있게 대칭을 이룬다.
5 탁청정은 영남지방의 개인 정자로는 그 구조가 가장 우아하다는 평을 받고 있다.

1

1 채광을 위해서 만든 창호가 특이하다.
여닫을 수 없게 한 붙박이 광창이다.
2 탁청정 온돌방. 창호로 빛을 들이고
종이반자로 방안을 부드럽게 했다.
3 탁청정 내부에서 창호를 바라본 모습.

2

3

1 만살 들어걸개문 안에 영쌍창을
하나 더 달아 작은 문만으로 개폐할 수 있도록 했다.
2 문고리의 잠금장치가 독특하다.
3 벽체에 수납공간을 만들고 두 개의 여닫이 세살 쌍창을 달았다.
4 만살로 연귀맞춤한 광창이다.
5 출목상에 장혀와 도리가 있고, 주심상에서는 도리 밑에 단혀를
설치하고, 뜬 창방과 장혀 사이에는 화반을 설치했다. 자연스럽게 주심도리와
출목도리에 순각반자가 생겼다. 하나하나 연결해 가는 한옥의 가구구조는
정교함이나 미적인 관점에서 뛰어난 건축공법이다. 당당하면서도
입체구성의 비례가 뛰어나다.
6 출목 장혀와 도리를 업힐장받을장으로 결구했다.
구조가 웅장하고 우아하다는 평을 받을 만큼 아름다운 정자이다.
7 추녀와 사래, 서까래와 부연이 멋지다.
8 눈썹천장. 곳곳마다 나름의 특징과 표정이 있다. 묘한 아름다움과
매력을 느끼게 하는 정자이다.

2-16. 산수정

山水亭 | 경북 영천시 임고면 삼매리 1020 매곡마을

사람이 메는 가마를 타지 않던 인도주의 정신의 중심에 살던 사람의 정사

석축을 산의 흐름에 맞게 자연석으로 쌓아 다정다감하게 다가온다. 굳이 고집을 부리지 않고 편안하게 쌓은 모습이 따뜻하고 그 위에 사뿐 올라선 산수정은 잘 다듬어진 작품 같다. 산수정은 영천 정재영씨 가옥의 사랑채이자 정사로서 따로 독립된 건물이다. 가운데 대청을 중심으로 양쪽에 온돌 방을 두었다. 방 앞뒤에 툇마루를 두었고, 정면과 측면에는 난간을 설치하였다. 산수정엔 '매곡정사梅谷亭舍'라는 현판이 붙어 있다. 매화나무를 말하는 매梅가 붙은 이유는 이곳에 처음 뿌리를 내린 매산梅山 정중기의 호와 연관이 있어 보인다. 산수정은 매산고택의 정사로 한 폭의 그림 같다.

매산고택은 현 소유주의 10대조인 매산梅山 정중기鄭重器가 원래 살던 선원리에 천연두가 만연하자 이곳으로 옮겨 와 짓기 시작하여 그의 아들 정찬기가 완성하였다고 한다. 정중기는 청빈한 벼슬살이를 그만두고 이곳으로 들어와 처음에는 작은 오두막을 지어 글방으로 쓰다가 67세가 되던 해 자제들과 지우들의 도움으로 세 칸 집과 산수정을 겨우 마련했다.

산수정은 경사가 급한 곳에 걸터앉은 것처럼 지어진 정사로 소박하고 아담하면서도 자연주의적인 면을 받아들인 것이 곳곳에 보인다. 서까래 중 하나가 휘어진 것이나 지붕을 받치는 기둥의 곡선이 예사롭지 않다. 도인이 산정에 걸터앉아 세상을 내려다보는 것처럼 산수정은 밑이 잘 보이지 않을 만큼 경사가 급한 부분에 지어졌다. 규모는 정면 3칸, 측면 1칸 반으로 좌우 양쪽 칸은 온돌방이며 가운데 칸과 전퇴에는 마루를 깔았다.

정중기는 이 정사의 이름을 짓게 된 내력을 『산수잡영』에 이렇게 적고 있다.

논어에 나오는,

仁者智山 知者樂水 인자지산 지자요수
어진 사람은 산을 좋아하고
지혜로운 사람은 물을 좋아한다.

주자의 시중에,

我慙仁智心 偶自愛山水 아첨인지심 우자애산수
나는 어질고 지혜로운 마음에 부끄럽지만,
우연히 산수를 사랑하게 되었네.

『논어』와 『주자』에 나오는 글 중에서 '산수'를 취하였다고 한다. 전염병을 피하여 자리 잡은 터의 마을 자체는 산이 겹겹이 중첩된 나지막한 산으로 둘러싸여 풍수로는 꽃술을 에워싼 꽃잎과 같은 형국이라고 한다. 매산고택의 배산은 매화낙지梅花落枝 형국이며 집 자체는 꽃술에 비유된다고 한다. 마을의 안은 매화 형국인 마을을 향해 날아드는 나비와 같다고 한다.

산수정의 주인인 정중기는 깊은 통찰의 사대부였을 것이다. 자리를 잡은 터의 위치나 산수정의 투박함에서 풍기는 느낌은 묵중함이다. 세상과 삶을 바라보는 무게가 만만치 않았음이 보인다. 실제로 산수정을 지은 정중기는 남다른 면이 여럿 있었지만, 그 중 하나를 소개하면 그는 보교를 타지 않았다고 한다. 보교는 두 사람이 메는 가마로 사대부들이 타고 다니던 것이었다. 차마 사람에게 가축의 일을 대신하게 할 수 없다는 의지였다. 병조 좌랑 시절 금부 내의 총책임을 맡았을 때에는 관리들을 엄중하게 타일러 죄인들에게 함부로 매질을 못 하게 하는 등 사람에 대한 각별한 관심과 주의를 기울였던 인도주의 정신을 지닌 인물이었다. 당시로써는 보기 드문 행동이었으며 이러한 행동은 마음에서 비롯되었을 것임이 너무나 자명하다. 선비나 사대부로서가 아니라 한 인간으로서의 품위와 깊이를 느끼게 한다.

왼쪽_ 석축을 들여쌓아 가파른 위치에 자리 잡은 정사가 그나마 안정되어 보인다.
오른쪽_ 자연을 그대로 이용하여 일부러 바위를 만들고 그 위에 정사를 지은 듯이 멋지다. 누하주의 길이가 저마다 다르다.

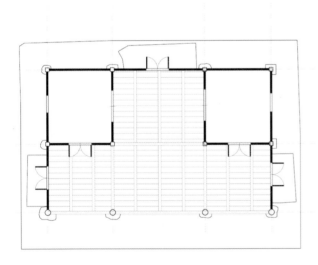

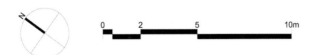

위_ 정면 3칸, 측면 2칸 홑처마 맞배지붕이다.
질박한 아름다움을 풍기는 건물로 좌우 대칭이 잘 이루어졌다.
투박한 기단과 건물이 조화를 이룬다.
아래_ 맞배지붕 측면에 비바람에 취약한 결점을 보완하는 풍판을 설치했다.
풍광을 바라보기에는 더없이 좋은 장소지만
조금은 위태로워 보이는 장소에 정사를 지었다.

1 산수정 내부 방. 상부에 다락을 두었다.
2 산수정. 서까래 하나에 변화를 주었다.
재목이 모자랐거나 자연을 받아들이는 주인의 마음이었거나
거스르지 않고 오히려 더 자연스럽다.
3 사벽의 질감은 거칠지만 전하는 정감이 있다.
4 연등천장 모습이다.
5 계자난간 밖으로 지붕을 받치는 기둥의 휘어짐이
기특하기도 하고 애처롭기도 하지만 마음에는 넉넉함이 느껴진다.
우리 건축만의 특징이기도 하다.
6 산수정의 압권은 정사의 위치 선정이고
그 자리에 있던 큰 바위를 초석 삼아 지어졌다는 것이다.
7 흘처마의 매곡정사인 산수정은
매화가 핀 골짜기라는 의미의 정사이다.

2-17. 용계정

龍溪亭 | 경북 포항시 기북면 오덕리 덕동마을

밤새도록 담을 쌓아 서원 철폐로부터 화를 면한 용계정

용계정龍溪亭은 임진왜란 당시 북평사를 지낸 정문부鄭文孚의 별장이다. 정문부는 임진왜란 때 의병대장이 되어 회령의 반란을 진압하고 이때의 공으로 크게 등용되었으나, 이괄의 난에 연루되어 죽음을 당했다. 정문부가 수많은 의병을 이끌고 함경도 지역에서 왜군을 몰아낸 북관대첩은 역사에 남는 전승의 기록이다.

용계정은 포항에서 가장 오지라고 할 정도로 깊숙한 지역인 덕동마을에 있다. 포항에서 청송 쪽으로 가다가 북쪽으로 방향을 틀어 성법령을 향해 점차 좁아지는 호리병 모양의 지형을 달리다 보면 호리병의 목 부분에 해당하는 곳에서 덕동마을을 만날 수 있다. 덕동마을은 침곡산 아래에 자리 잡고 있는데 지금부터 360여 년 전 이강이 처음 입향한 이후 현재까지 여강 이씨 후손들의 세거지로 집성촌을 이룬 마을이다. 이곳에는 용계정을 비롯하여 애은당, 사우정, 여연당 등 경상북도 지정 유형문화재와 민속자료들이 동네 곳곳에 흩어져 있다. 마을 남쪽 덕연구곡의 그 중 경관이 뛰어난 제5곡에 용계정은 자리 잡고 있다.

용계정은 덕동마을 입향조인 이강이 1686년에 착공하여 이듬해에 상량을 올렸다. 아쉽게도 이강은 1688년 정월, 용계정의 완성을 보지 못한 채 이곳에서 향년 68세를 일기로 임종하였다. 조부가 못다 이룬 일을 손자 되는 진사 이시중이 완성한다. 그리고 사계절이 알맞다는 뜻을 취하여 조부가 사의당이라 스스로 이름 지은 것을 현판으로 새겨 걸고, 용계천의 이름을 따서 정자 이름을 용계정이라 명명했다.

사의당四宜堂 이강李壃은 조선 중기의 대학자인 이언적의 동생 이언괄의 현손이다. 그리고 정문부의 조부 되는 정언각의 손녀사위이다. 사의당은 명가의 후손으로 경주시 강동면 양동에서 태어났다. 광해군 시절에 폐비 윤씨 사건 등으로 조정이 혼란해지자 벼슬길에 뜻을 접었다. 인조 말에는 청나라에 굴욕적인 항복을 하는 것을 보고 경주의 북쪽 침곡산 아래 덕연으로 은둔하여 거기서 터를 잡게 된다. 현재의 덕동일대인 덕연은 골짜기가 깊고 세속의 발자취가 드문 곳이다. 사의당에 대한 문헌상의 흔적은 불행히도 전

란에 모두 불타 그 행적을 알 길이 없다가 경주 향단 종택에서 전해 내려오는 옛 상자 속에서 우연히 사의당과 용계정을 세운 내력이 발견되었다.

愛其溪山水石之佳麗 애기계산수석지가려
居之四十年 거지사십년
構小亭 구소정
사의당은 그곳 덕연의 계산과 수석의 아름다움을 사랑하여
덕연에 거주한 지 40년 만에
작은 정자를 엮게 되었다.

용계정은 정조 이후에는 세덕사의 부속 건물인 강당으로 사용되기도 하였는데, 고종 5년 서원 철폐 시에 용계정을 세덕사지와 분리하기 위해 밤새도록 담을 쌓아 세덕사만 철폐되고 용계정은 화를 면했다고 한다. 후손들의 용계정에 대한 사랑이 남다른 것을 확인할 수 있는 일화다.

용계정은 정면 5칸, 측면 2칸의 팔작지붕으로 가구는 오량가의 겹처마 집이다. 방 4칸, 마루 6칸으로 된 누각으로 방 위쪽에는 다락이 지붕과 이어져 있으며 마루 끝에는 계자난간을 달았다. 부연의 처리와 난간, 천장마루의 기법이 훌륭하다. 건물 뒤편은 후원에 연결되고 건물 앞쪽은 계곡의 기암절벽과 나란히 하고 있다. 부속 건물로는 정면 5칸, 측면 2칸의 맞배지붕 집인 포사가 있다.

덕동 일대는 숲이 아름답고 마을이 깊은 곳에 있어서 풍경이 아름다운 곳이다. 수백 년 전에 심었다는 은행나무, 향나무, 배롱나무 등이 용계정을 둘러싸고 있다. 용계정이

왼쪽_ 수백 년 전에 심었다는 은행나무, 향나무, 배롱나무 등이 용계정을 둘러싸고 있다. 은행나무의 위용이 장대하다.
오른쪽_ 담장 끝 선에 맞춰 밖으로 마중 나온 사주문과 주변풍경이다. 가을이 깊어 모든 나무가 아름답다.

고색을 더해 가는 기간에 은행나무와 배롱나무는 오히려 빛나는 생명을 세워 놓고 있었다. 수백 년 세월을 온몸으로 고스란히 담아내며 여전히 듬직한 모습으로 살아 있는 노

거수들을 직접 보고 나면 형언할 수 없을 만큼 감동의 물결이 밀려옴을 느끼게 된다. 와향, 곧 누운 향나무가 멋진 풍광을 더한다.

위_ 정면 5칸, 측면 2칸이며 겹처마 팔작지붕으로 방 4칸, 마루 6칸으로 된
누각으로 방 위쪽에는 다락이 지붕과 이어져 있으며 마루 끝에는 계자난간을 둘렀다.
아래_ 건물 앞쪽은 계곡의 기암절벽과 나란히 하고 있어 풍치가 뛰어나다.

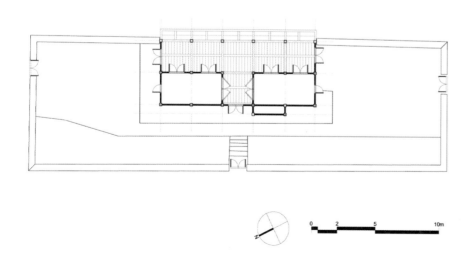

0   2   5   10m

위_ 고종 5년인 1868년 서원 철폐령에 의해 용계정은 세덕사의 부속 건물이므로 같이 힐릴 위기에 있었다. 용계정을 세덕사지와 분리하기 위해 밤새도록 담을 쌓아 세덕사만 철폐되고 용계정은 화를 면하였다 한다.
아래_ 낙엽이 쌓인 사주문 풍경.

1

2

3

4

5

1 막새기와를 한 처마와 용트림하는 배롱나무 사이로 사주문四柱門이 보인다.
2 지형에 따라 단을 내리며 쌓은 토석담과 사주문이 있는 풍경이 곱다.
3 계곡을 잇는 작은 다리 주변으로 나무들이 고운 빛으로 변하고 있다. 이별과 만남의 현장에서 고운 빛을 더하는 나무들의 잔치가 계속되고 있다.
4 가을은 어느 구석 하나 빈틈없이 곱다. 길은 아련하게 보이고 시간은 아득히 떨어져 외진 곳에 온 듯하다.
5 대청마루에서 바라본 풍경이다.

1 용계정 편액.
2 눈썹천장 우물반자에 곱게 단청을 했다. 아름다움에 한몫 거든다.
3 국화정으로 장식한 널판문과 통머름 위 세살 쌍창이 가칠단청으로 곱다.
4 겹처마 집으로 창방 밑으로는 가칠단청을 하고, 지붕가구는 모로단청을 했다.
5 지붕의 처마선과 계자난간이 가지런하게 이어져 멋지다.
6 판벽에 관솔이 빠져나간 조그만 틈으로 보이는 풍경.
마루와 난간대 너머 소나무들이 서 있다.
7 까치발. 흙과 자연석으로 만든 토석담이 가을의 중심에 서 있다.
8 아궁이의 작은 부뚜막 위에 무쇠솥이 앉혀 있다.

2-18. 교수정

教授亭 | 경남 함양군 지곡면 개평리

세간 사람들이 생사를 알지 못할 만큼 은거 생활을 한 조승숙의 정자

소나무가 먼저 장악한 곳은 풍경이 저 홀로 빛나고 흘러가는 개울물은 바다에 닿았다. 교수정에 오르면 문을 막 들어서는 입구에 소나무 한 그루가 휘어진 채로 길을 반쯤 막아 서 있다. 몸가짐이라도 한 번 더 추스르고 오라는 것인가. 집을 덮을 정도로 우람하고 당찬 모습을 한 소나무가 정자와 잘 어울린다. 엄숙한 마음이 들게 하는 풍경이다.

교수정은 조승숙趙承肅이 인재를 양성하기 위해 태조 7년인 1398년에 지은 정자이다. 교수정教授亭. 가르침을 전하는 정자라는 의미를 안고 있다. 교수정은 작은 정자를 떠올리기에는 솟을대문부터 위압감이 들게 한다. 조승숙이 은거할 때 지었다고 하기에는 어울리지 않을 만큼 예사롭지 않은 품위와 권위에 압도당한다. 소나무의 위세 또한 만만치 않으며 교수정으로 오르는 계단 모양새의 멋스러움도 예사 정자와는 다르다. 계단 양편에 돌담을 쌓아 계단을 오르는 일이 조심스럽기까지 하다.

'좌 안동 우 함양'이라는 말이 있다. 그만큼 경상도 지방에서도 특히 안동과 함양 두 지역에서 인물이 많이 나왔다는 이야기다. 조승숙은 함양 사람이다. 조승숙은 '두문동칠십이현杜門洞七十二賢' 중의 한 사람으로 두문동에서 숨어 살다가 고향으로 돌아와 후학양성에 힘쓴 사람이다. 그 후학양성의 자리가 바로 교수정이다.

조승숙은 고려 우왕 대에 문과에 급제하고 부여감무 등의 벼슬을 했다. 조선이 개국하고 태조가 즉위하자 벼슬을 버리고 세상에 나오지 않았다. 조승숙은 정몽주의 제자로 스승의 성품처럼 강직해 직언을 서슴지 않았다고 전한다. 조승숙은 명나라 사신으로 갔다가 능변으로 명나라 황제를 감복시켜 자금어대를 받아 온 전력이 있는 인물이다. 자금어대紫金魚袋는 공무를 수행함에 공이 있는 사람에게 임금이 특별히 하사하는 붉은 붕어 모양으로 된 금빛 주머니로 관복을 입을 때 찼다고 한다.

고려의 멸망을 바라보는 신하 된 자의 마음은 아팠다. 조승숙이 선산에 은거한 길재에게 편지를 띄운다.

산을 등지고 물에 다다라 속세 떠나 살아가네,
저녁에 달 뜨고 아침에 안개 끼니 흥이 남아 있네.
한양에 사는 알던 사람이 내 소식을 물어오면,
대숲 깊숙한 곳에 누워 글 읽는다 전해주소서.

답장이 왔다.

새벽녘 지는 달빛 창 앞에 밝고,
십 리를 불어오는 솔바람은 베개 위에 맑구나.
부귀는 많이 힘들고 빈천은 괴로운 것이니,
조용히 살아가는 재미를 누구와 이야기하랴.

가슴에 멍든 바야 군이 서로 말하지 않아도 아는 것. 세상사 이야기는 접어두고 선문답 하듯이 불사이군의 두 충신이 글을 주고받는다.

조승숙은 이웃에 혼례를 치르는 집에서 의관이나 조복을 빌려 달라고 하면, "이것은 나의 옛날 조복朝服으로 차마 해지게 할 수 없다."라고 하면서 비록 가까운 사이일지라도 빌려주지 않았다. 이미 망한 나라의 관복이지만 마음속에 품고 살았다. 조승숙이 세상을 떠날 때 그의 유언에 따라 조복으로 염했다. 또한, 조승숙은 덕곡에 살면서 일절 나가지 않고 오는 손님도 사절했다. 오래된 동료가 혹 지나가다가 얼굴이라도 보여 달라고 하면 병이라 피하고, 혹 편지로 안부를 물어도 답장하지 않았다. 세상 사람들은 조승숙이 살았는지 죽었는지를 알지 못했다.

왼쪽_ 고려 충신의 추상같은 망와와 박공 모습이다.
오른쪽_ 솟을대문이 흰 회벽으로 칠해져 있으면서 나무의 숨결이 살아있는 듯하다. 순백의 면 분할이 주는 특별한 아름다움을 간직한 대문이다.

1

2

3

1 우리의 심성에는 소나무가 한 그루씩 자리 잡고 있다. 소나무를 보면 반가움이 먼저 든다. 소나무의 줄기처럼 휘어진 모양이 인생의 길 같다.
2 조승숙의 후손들이 성종이 내린 사제문에서 '수양명월율리청풍首陽明月栗里淸風'이란 여덟 글자를 뽑아 자연암반 위에 거북머리를 조각하고 비를 세워 새겨 넣었다.
3 조승숙은 1381년, 우왕 7년에 문과에 급제한 뒤 부여감무 등의 벼슬을 했다.
1392년 태조 이성계가 즉위하자 벼슬을 버리고 동지 71명과 함께 두문동에 들어가 세상에 나오지 않다가 고향으로 돌아와 후진양성을 위하여
이 정자를 짓고 제자들을 가르쳤다.

1 소나무가 숲을 이루는 곳에 성처럼 담을 쌓았다.
이미 망한 고려에 대한 충절의 마음이 담겨
있는 듯하다. 새로 건국한 조선에는 마음을
닫은 철옹성 같은 담이다.
2 여닫이 세살청판분합문으로 쌍창이다.
3 편액과 주련이 유난히 많이 걸린 툇마루 모습.
4 교수정 중건기 편액이다.
5 교수정 편액. 가르침을 전하는 정자라는
의미가 있다.
6 목재의 내구성을 위하여 단청을 무늬 없이
단색으로 가칠단청 했다.
7 팔각형 모양의 디딤돌이 특이하다.

2-19. 호연정

浩然亭 | 경남 합천군 율곡면 문림리 황강산

모자라고 넘치는 세상의 이치를 순응의 숨결 그대로 담은 정자

우리나라 정자 중에서 가장 파격적으로 자연주의를 품어 안은 건물이 호연정浩然亭이다. 한국건축의 파격을 이야기 할 때 개심사의 도랑주를 떠올리고는 하는데, 합천 호연정 은 그 파격에다 절묘한 조화까지 품고 있다. 기둥의 굵기가 저마다 다르거나 도리와 창방의 굵기와 비틀림이 어찌 되 었든 꼭 필요한 자리에 절묘하게 배치했다. 호연정을 지은 목수의 안목이 예사롭지 않은 재기의 소유자이면서 세상을 크게 받아들이고 사는 넉넉한 정신의 장인이었음을 보게 된다. 장인의 마음이나 주인의 마음이나 다 같이 뒤틀림의 유무나, 크기가 크거나 작거나 하는 것에 상관없이 무심한 마음으로 끌어안은 사람들이다.

호연정은 조선 선조 때 이요당二樂堂 주이周怡가 예안현 감에서 물러나 낙향하여 많은 유학자를 길러낸 곳이다. 중 수기에 있는 숭정연호崇禎年號로 미루어 인조 재위 시 중 건된 것으로 추정된다. 본래의 정자는 임진왜란 때 불탔 고, 그 뒤 후손들이 주이를 기리기 위해 다시 지었다. 주이 는 성품이 너그럽고 행동거지가 마치 신선 같았다고 한다. 주이는 1703년 제주목사로 부임하여 당집 129개소와 모든 무구들을 불태우고 일천 명의 무당들을 모두 귀농시켜 더 는 무속행위가 일어나지 않게 조치하였다. 또한, 제주도에 서는 흔한 일이었던 일부다처제를 금지하고 나체로 바다에 서 작업하는 것을 금하며 작업복을 입게 하였다.

건물은 주인을 닮기 마련인데 호연정도 별나다고 할 정 도로 일반론에서 크게 벗어난 건축물을 완성했다. 한옥에 서 볼 수 있는 자연을 받아들이는 파격적인 요소들을 망라 한 것처럼 보인다. 집의 척추라고 할 수 있는 기둥의 굵기 가 제멋에 겨운 듯 전부 다르다. 대청의 윗부분인 창방을 떠받치는 목재는 건축자재로 사용하기에는 불가능해 보인 다. 예상치 못한 재목으로 뜻밖에 조화로운 건물을 만들어 냈다. 집주인과 장인의 마음 씀이 예사롭지 않을뿐더러 공 감의 확장이 대단하다. 인위의 절정이라고 할 수 있는 건축 물에 대담할 정도의 파격을 들이고 치장하지 않은 자연성 을 도입한 호방한 건물이다.

한옥을 지을 때 나무의 위아래를 가려서 사용하고, 나무 가 자란 방향을 그대로 사용해야만 집이 뒤틀리지 않는다 는 자연관의 이행이 튼튼하고 오래가는 한옥을 지을 수 있 다고 했다. 동쪽에서 자란 나무는 동쪽 기둥으로 사용하고 서쪽에서 자란 나무는 서쪽 기둥으로 사용하는 자연주의 건축이 그대로 적용된 건물이다. 장인의 손에 의해 지어진 호연정은 담대함으로 모자라고 넘치는 세상의 이치를 순응 의 숨결로 받아들였다.

호연정은 정면 3칸, 측면 2칸의 건물로 지붕 옆모습이 여 덟 팔八자 모양인 팔작지붕으로 되어 있다. 건물은 익공식 이지만, 다양한 양식이 혼합된 매우 독특한 형태다. 이처럼 기묘한 건축방식 때문에 조선시대 정자 중 특이한 작품 중 의 하나로 꼽힌다. 정자 주변은 주이가 직접 심었다는 여러 그루의 나무에 둘러싸여 아름다운 경관을 이루고 있다. 가 장 눈에 띄는 나무가 은행나무로 400년을 호연정과 함께하 면서 임진왜란 당시에 호연정이 불타는 것을 보기도 했고, 이곳을 오가는 사람들의 웃음과 눈물도 보았을 것이다.

조선시대의 사대부들은 때를 만나면 조정에 나가고, 그렇 지 않으면 귀향하여 자연을 벗 삼아 지냈다. 이때 귀향한 사 대부들이 공들여 하는 일 중의 하나가 정자를 짓는 것이었 다. 호연정은 집을 지을 때 자연을 집 안으로 끌어들인 주인 의 마음처럼 먼 곳을 조망할 수 있는 누각처럼 경관을 넓게 볼 수 있는 곳에 지었다. 건립한 사람의 자연관을 엿볼 수 있 다. 그뿐만 아니라 호연지기를 기른다는 건물의 명칭과도 잘 어울리는 곳이라 하겠다. 각 부분의 자재 사용도 일반 건물

왼쪽 위_ 정면 3칸, 측면 2칸의 팔작지붕 겹처마 집이다. 호연정의 주인인 주이는 외직으로 아홉 고을 수령직을 수행했으며 특히 제주목사의 직을 수행하고 임기완료 후 돌아오는 행장에는 백록담 가에 말라죽은 단향목으로 만든 거문고 하나와 시초詩草 몇 권이 전부였다.
왼쪽 아래_ 3평주 오량가. 주인장 주이의 성품은 아주 깐깐한 선비를 연상하게 하지만, 유연성도 있는 인물인 듯하다. 경瘐 하나만을 단순하다고 할 만큼 크게 붙여 놓은 마음이 그렇다.
오른쪽_ 대청은 우물마루로 하고 계자다리와 난간대를 띠쇠로 보강하였다.

에서는 볼 수 없을 만큼 규범이라는 인공과 세속적 질서를 무시한 자연 그대로의 모습을 재현하였다. 집주인의 자연관과 건물의 이름이 절묘하게 어우러진 건축물이다. 나무는 직선으로 자라는 것보다 곡선으로 휘어지며 자라는 것이 자연에서는 더 많다. 결국, 직선만큼 곡선도 나무의 자연스러운 모습이다. 호연정을 지은 장인과 주인은 사람의 마음 안에도 직선과 곡선이 내재하고 있음을 보여주려 한 듯하다. 호연정은 나무의 일생을 그대로 건축물에 반영한 현장이다.

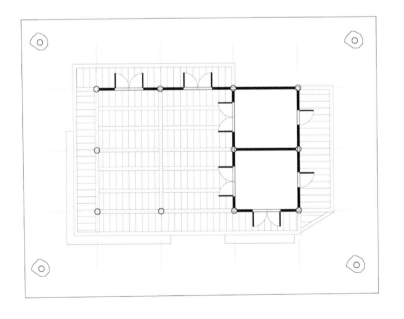

위_ 충량. 뒤틀린 나무 그대로를 부재로
사용한 것이 여간 흥미롭지 않다. 정교함과 대담함이
화해하는 현장을 보고 있다.
아래_ 휘고 뒤틀린 목재로 구성하는
장인의 창조적인 솜씨가 보통 대단한 것이 아니다.

1 호연정 측면 모습.
2 정면 2칸은 대청마루로, 1칸은 방으로 구성되어 있으며, 창방은 부채곡선으로 휘어진 특이한 모습이다.
3 기둥이 우람하다. 기둥과 판벽 사이에 우리판문이 잘 짜여 있다.
4 호연정 편액으로 호연지기를 기른다는 뜻이다.
5 쪽마루 밑에 함실아궁이를 설치했다.
6 호연정. 곡선의 담대함과 기둥 사이에도 포가 배치되는 다포多包형식의 정교함이 한곳에서 만났다.

2-20. 관수루

觀水樓 | 경남 거창군 위천면 황산리 769 구연서원 내

관수, 흐르는 물은 웅덩이를 채우지 않고는 흐르지 않는다는 뜻

무주구천동에서 신룡령을 넘어 거창 쪽으로 조금만 가면 수승대와 금원산이 있다. 산 전체가 바위 벼랑으로 되어 있는 기세 좋은 금원산을 옆으로 하고 강을 따라 조금만 올라가면 수승대다. 바위 모습이 얼핏 보아도 흡사 거북의 형상이다. 그래서 예전에는 구암이라 불렸다. 약 50평 정도의 거대한 바위봉우리가 강 중간에 떠 있는 모습인데, 위에는 소나무가 자라나서 마치 커다란 분재 같기도 하다. 바위에는 빼곡하게 글이 새겨져 있는데 퇴계의 명명시命名詩와 갈천의 시, 신권을 기리는 글 등이 암각 되어 있다. 어디서도 보기 어려운 특이한 형상이다.

수승대는 삼국시대 때 백제와 신라가 대립할 무렵 백제에서 신라로 가는 사신을 전별하던 곳으로 처음에는 돌아오지 못할 것을 근심하였다 해서 시름 수愁, 보낼 송送 자를 써서 수송대愁送臺라 불렀다. 현재의 이름인 수승대는 안의현 삼동을 유람차 왔던 퇴계 이황 선생이 이웃 영승리에 머물다가 그 내력을 듣고, 급한 정무 때문에 이곳에 들르지 못하고 돌아가면서 수송대는 이름이 아름답지 못하니 음이 같은 수승대搜勝臺로 고칠 것을 주문하는 사율시四律詩를 신권에게 지어 보냈는데, 신권이 수승대의 면에다 이 시를 새김으로써 비롯되었다고 전한다.

수송愁送을 수승搜勝이라 새롭게 이름 하노니
봄을 만난 경치 더욱 아름답구나
먼 산의 꽃들은 방긋거리고
응달진 골짜기에 잔설이 보이누나
나의 눈 수승대로 자꾸만 쏠려
수승을 그리는 마음 더욱 간절하다
언젠가 한 두루미 술을 가지고
수승의 절경을 만끽 하리라

수승대를 돌아 나오면 구연서원龜淵書院이 자리 잡고 있다. 구연서원은 조선 중종 대에 요수 신권愼權이 구주서당을 세워 후학을 가르치던 곳이다. 숙종 대인 1694년에 사림에서 신권의 덕행과 학문을 기리기 위해 서당 자리에 서원을 세우고 구연서원으로 개칭하여 신권을 배향하고 성팽년, 신수이를 추가 배향했다.

구연서원에서 볼만한 것은 서원 앞뜰에 있는 관수루다. 관수루觀水樓의 '관수觀水'는 "물을 보는 데 방법이 있으니, 반드시 그 물의 흐름을 보아야 한다. 흐르는 물은 웅덩이를 채우지 않고는 흐르지 않는다."라는 『맹자』에서 나온 말이다. 학문을 하는 이도 이와 같아야 한다는 의미로 이름 지은 것이다.

관수루는 1740년 창건된 구연서원의 문루門樓이다. 자연암반을 활용하고 틀어진 재목을 하부기둥으로 사용하는 등 자연과 조화를 이루고 있어 그 형태 또한 무척 아름답다. 정면 3칸, 측면 2칸 규모의 중층 누각으로 겹처마의 팔작지붕 건물이다. 암반 사이에 조성된 기단 위에 자연석의 초석을 놓고 기둥을 세웠다. 기둥은 모두 원기둥을 사용하였고 기둥 바깥쪽의 네 모퉁이에는 적절하게 높이를 조절한 활주를 세웠다. 누각 아래층 정면에 출입을 위한 문을 달았으며 나머지 공간은 모두 개방하였다. 위층 바닥에는 우물마루를 깔았고 주변으로 계자난간을 둘렀다.

관수루는 배포가 큰 사람이 아니고서는 엄두를 내기 어려운 걸작이다. 다른 곳이 아닌 관수루를 받치고 서 있는 기둥에서 느껴지는 두둑한 배짱이 그러하다. 어느 땅에서 뒹굴던 돌인지 모를 자연석을 가져다가 천연덕스럽게 주춧돌로 삼고는 그 위에 기둥을 얹었는데 뒤틀린 모양 그대로다. 덤벙주초와 도랑주가 서로 만나 세상은 생긴 대로 사는

왼쪽_ 암반 사이에 조성된 기단과 바위 위에 활주초석을 놓고 세운 활주와 누상주, 누하주가 보인다.
오른쪽_ 소로에 걸쳐 놓은 편액이다.

정자와 누 169

거라고, 꽉 짜인 틀에 얽매이지 말고 넉넉하고 여유로운 마음을 가지라고, 이곳을 찾는 사람들에게 가만히 속삭이는 듯하다. 바위를 초석 삼아 세운 활주와 덤벙주초에 도랑주

를 쓴 것이 주인을 닮은 마음이라면 구연서원의 주인은 분명히 큰 인물이다.

1

2

3

1 큰 바위 위에 앉힌 관수루는 구연서원의 남문으로 정면 3칸, 측면 2칸 규모의 중층 누각 건물이다.
2 관수루는 구연서원의 문루로 1740년 창건되었다. 자연암반을 활용하고 틀어진 재목을 하부기둥으로 사용하는 등 자연과 조화를 이루고 있으며 그 형태 또한 대단히 아름답다.
3 구연서원은 수승대의 아름다운 전경을 배경으로 하여 세워졌는데 구연서원 입구 관수루의 누하주는 휘어진 모습 그대로 도랑주로 했다.

1 바위 위에서 관수루로 들어가게 한 것이며 바위의 생김새에 맞춰 정자를 지어
자연미가 두드러지는 누樓이다.
2 대들보에 걸쳐 놓은 충량이 외기를 받고 있다.
일반적으로 목재의 곡선을 배치할 때 하중을 잘 견딜 수 있도록 배가 나온 부분이 위로
올라가게 뉘어서 배치한다.
3 별화가 있는 금단청으로 천장이 곱다.
4 활주초석이 바위에 박혀 있다. 기둥은 팔각기둥을 사용하였고
네 모퉁이에는 적절하게 높이를 조절한 추녀를 받는 활주를 세웠다.
5 궁이나 커다란 사찰 같은 금단청 천장이 아름답다.
6 연화와 주화로 구성한 서까래 부리초와 매화점의 부연 부리초, 착고의 단청이 곱다.
7 관수루 편액. 관수루觀水樓의 '관수觀水'는 "물을 보는 데 방법이 있으니,
반드시 그 물의 흐름을 보아야 한다. 흐르는 물은 웅덩이를 채우지 않고는 흐르지 않는다."라는
『맹자』에서 나온 말이다.
8 관수루와 바위의 틈을 돌을 다듬어 연결해 놓았다.

정자와 누

2-21. 방초정

芳草亭 | 경북 김천시 구성면 상원리 83 원터마을

방지원도형方池圓島形의 전통조경에 원형의 섬이 둘인 정자

방초정은 원터마을 전면에 있어 마을의 상징물 역할을 한다. 처음 위치는 지금보다 국도 쪽에 가까웠다고 하는데, 이곳에 오르면 마을과 들판이 한눈에 들어온다. 마을을 벗어난 곳에 있지만, 마을입구에 자리 잡고 시야가 트여 시원한 느낌이 든다. 들과 마을의 경계에서 홀로 마을을 지키는 파수병처럼 서 있다.

방초정은 이층 누각 형식으로 정면 3칸, 측면 2칸의 팔작지붕 건물이다. 2층에 문을 달아 문을 걷어 올리면 마루가 되고 내려서 닫으면 방으로 쓸 수 있게 하였으며, 사방에는 난간을 둘렀다. 이와 같은 누각의 형태는 방이 한쪽에 있는 보통의 누각과 대조를 이루는데, 누樓의 중앙에 온돌방을 드린 점도 특이하다. 방을 위해 누를 지은 것인 양 한복판을 차지한 것도 특별하지만, 방의 크기 그대로 누 밑을 사각형 모양으로 자연석 회벽을 쌓아 올려 마치 가운데에 큰 기둥 하나를 앉힌 것 같다. 그 벽체 한쪽 면 상부에는 방에 난방하기 위해 불을 땔 수 있는 함실아궁이가 있다. 이 특이한 하부구조가 방초정의 아름다움을 더욱 부각시키는 역할을 한다. 또한, 화강암 장대석 기단 위에 막돌로 초석을 놓고, 온돌방을 구성하는 누 상부의 네 기둥을 제외하고는 모두 원형기둥을 세웠다.

방초정의 현판은 김대만이 쓴 것이라고 한다. 많은 시인과 묵객들이 정자에 올라 주위 경치를 찬미하며 남긴 시와 글씨를 새긴 편액이 걸려 있다.

방초정의 특별한 점은 조경이다. 방초정 뜰 앞에 방지원도형方池圓島形의 연못이 조성되어 있는데, 특이하게도 원형의 섬이 두 개이다. 원래 방지원도형 연못은 우리 전통 조경양식으로 땅은 네모나고 하늘은 둥글다는 인식 아래 사각의 연못에 하나의 둥근 섬을 조성해 놓은 것이다. 그런데 방초정은 하늘을 뜻하는 연못 안에 원형의 섬이 둘이다. 하늘이 둘인 셈인데 나름의 사연이 있을 법하지만, 애석하게도 그 사연은 전해 내려오지 않아 알 수가 없다. 이렇게 독특한 정원 형태를 이루는 방초정의 건물, 연못, 수목의 배치 등은 조선시대 정원 조경양식 연구에 귀중한 자료이다.

방초정은 이 마을 유학자인 이정복이 선조를 추모하기 위하여 인조 대인 1625년에 건립했다. 1689년 건물이 퇴락하여 그의 손자 이해가 중건하였고, 1727년에 보수를 하였으나, 그 후로 방치되다가 1736년 여름 홍수 때 유실되었다. 이렇듯 세월이 무너뜨리고 자연이 시샘하여 휩쓸어버리던 마을의 재해와 운명을 같이했던 방초정은 1788년『가례증해』를 저술한 이의조가 지금의 자리에 다시 건립하여 현재에 이른다.

방초정 바로 옆에는 정려각이 있다. '절부부호군이정복처 증숙부인 화순최씨지려節婦副護軍李廷馥妻 贈淑夫人 和順崔氏之閭'라고 새겨진 빗돌이 있고, 그 앞에는 '충노석이지비忠奴石伊之碑'라 새겨진 조그만 빗돌이 하나 더 있다. 전해 내려오는 이야기에 따르면, 이정복과 당시 17세의 나이로 혼인한 화순 최씨가 신행도 가기 전 임진왜란이 일어나 친정에서 시집인 이곳으로 오다가 왜적을 만나 겁탈을 당할 위기에 놓이자 부근의 방초정 앞에 있는 연못에 몸을 던져 자진한다. 이 소식을 전해들은 여자 노비인 석이도 주인을 따라 연못에 빠져 죽었다. 정려각은 최씨 부인의 절개를 기려 세운 것이며, 뒷날 연못을 수리하는 과정에서 '충노석이지비'가 발견되어 이후 이 연못을 '최씨담崔氏潭'이라 부른다고 한다.

왼쪽_ 아름다운 방초정은 호감이 가는 곳이다. 많은 시인詩人과 묵객墨客들이 정자에 올라 주위의 경치를 찬미한 시와 글씨를 남겼다.

오른쪽_ 뜰 앞 연못 중앙에 섬을 둘로 배치해 독특한 정원 형태를 이루고 있다. 건물, 연못, 수목의 배치 등은 조선시대 정원 조경양식 연구에 귀중한 자료이다.

위_ 방초정은 꽃다운 나이에 죽은
두 여인과 관련이 있는 듯하다. 방년芳年이라는 단어는
이십 세 전후 여자의 꽃다운 나이를 지칭하는 말인데,
화순 최씨 부인의 뒤를 따라 몸종인 석이도
이처럼 꽃다운 나이에 죽었으리라.
아래_ 2층에 문을 달아 이를 들어 올리면 마루가 되고
내려 닫으면 방으로 쓸 수 있게 하고 사방에 계자난간을 둘렀다.
이와 같은 누각의 형태는 방이 양끝에 있는
보통의 누각과 대조를 이룬다.

1 정면 3칸, 측면 2칸의 팔작지붕 겹처마 건물로 이층 누각의 정자다.
유학자 이정복이 선조를 추모하기 위하여 건립하였다. 처음 위치는 지금보다 국도 쪽에 가까웠다고 한다.
2 누의 방에 불을 때기 위한 함실아궁이이다.
3 누의 중앙에 있는 온돌방.
4 한지의 가장 큰 특징은 자연을 거스르지 않는 소통과 강한 빛을 여과시키는 맑음에 있다.
빛도, 바람도 한지를 지나면 순화된다.
5 만살 들어걸개문 사이로 세살 쌍창이 보인다. 한지는 채광이나 공기의 흐름을 막지 않고 투과시킨다.
자연의 마음을 몸으로 실천하는 전령사다.
6 방초정의 편액은 김대만이 쓴 것이다.
7 서까래의 거친 맛에 비해 화반의 화려함이 더 빛난다.
8 덤벙주초. 다듬다 만 초석이나 자연 초석이나 제멋에 겨워 자리하고 있다.

2-22. 남극루

南極樓 | 전남 담양군 창평면 삼천리 396

바람이 멈추지 않고 흘러가는 들판에 자리 잡은 바람의 누각

개인 누각이 아니라 마을 종중어른들을 위하여 누각을 지은 예는 드물다. 남극루는 마을의 쉼터로 지어진 건물이다. 1830년대에 고광일을 비롯한 30여 명에 의해 건립된 누각으로, 전라남도 담양군 창평면 삼천리 하삼천마을 논 가운데에 있다. 마을 한복판에 자리를 잡았더라면 하는 마음이 들지만, 사방이 확 트인 곳에 자리 잡아 무엇 하나 걸릴 것 없는 마음으로 세상을 바라볼 수 있다. 원래 담양군 창평면 창평리 면사무소 앞의 옛 창평 동헌 자리에 있었으나 1919년 현재의 자리로 옮겨 세운 것이라 한다. 마을 사람들은 양로정養老亭이라 부르고 있다. 그만큼 친숙한 휴식 공간이었다는 것을 말해 준다.

남극루 건립자 중의 한 사람인 고광일은 규장각 직각을 지내다 1905년 을사늑약이 체결되자 고향에 돌아와 창흥의숙 즉, 현재의 창평초등학교를 창립했다. 이곳에서 공부한 이들은 고정주, 인촌 김성수, 고하 송진우, 가인 김병로 등이 있다. 널따란 들녘에는 오곡이 무르익는 풍요로운 황금 들판이 있고 전원의 그윽한 정취가 느껴진다. 자연의 혜택으로 넉넉함이 그득하니 인심 또한 후하다. '풍요로운 너른 들'이라는 창평. 그 이름처럼 풍요로운 들녘에서 얻어낸 소산물이 넉넉하다 보니 천석꾼, 만석꾼이 많았으며, 나라가 위급할 때 주저 없이 돈을 내놓던 지주들 또한 많았다고 한다.

남극루南極樓는 바람이 멈추지 않고 흘러가는 들판에 자리 잡은 바람의 누각이다. 천 년의 역사와 선비들의 기개, 그리고 소중한 고풍문화의 산실로 새롭게 주목받는 곳이 창평이다. 창평은 문화를 공유하면서 느림의 미학을 추구할 수 있는 곳이다. 멀어지는 모습이 아주 긴 벌판에서의 반 박자 느리게 살아보는 인생의 한때가 아름다워지리라.

남극루는 정면 3칸, 측면 2칸인 2층 누각 형식의 팔작지붕으로 조선시대에 지어졌지만, 담양 지방에서는 보기 드물게 평지에 세운 정자로 여타의 정자들보다 규모도 크고 특이하다. 남극루 현판은 물론 기문記文 또는 중수기 등 아무것도 걸려 있지 않으나 현판을 걸었던 흔적은 여기저기 남아 있다. 낮은 외벌대의 장대석 기단 위에 덤벙주초를 놓고 원기둥을 누하주樓下柱로 세웠다. 누하주가 높아 웅장한 느낌이 든다. 2층의 누는 외곽에 굵고 간격이 좁은 계자각의 난간을 돌리고 난간청판에 바람구멍을 뚫었다. 상부구조는 누하주에 비하여 낮은 원기둥으로 세우고 익공 형식으로 지은 건물이다. 기둥머리 부분은 창방을 걸쳐 주두를 얹은 다음 두공첨차와 소로를 벽의 중심 위치에 두었다. 대들보는 통으로 단일 부재를 걸치고 낮은 동자주 2기를 세운 다음 종보를 얹고 사다리꼴 대공을 세워 종도리를 받쳤다. 천장은 연등천장으로 선자서까래가 뚜렷이 보인다. 최근까지 2층은 경로당, 1층은 어린이 놀이공간으로 이용되었으며, 1층에는 약 30cm 높이로 마루를 두었던 흔적이 남아 있다.

창평은 우리 민족의 미학과 향토색이 남아 있는 곳이다. 소산물이 풍부했던 창평은 음식문화가 발달했는데, 이곳의 향토 음식으로는 쌀엿, 한과와 더불어 창평국밥, 창평안두부, 전통 떡갈비가 있다. 그리고 천 년의 신비를 간직한 죽염과 죽염된장도 창평의 특색을 살린 전통음식이다. 그중에서도 조선의 임금에게 올린 진상품이던 쌀엿과 한과가 특히 유명하다. 한과의 역사는 삼국시대로 거슬러 올라가

왼쪽 위_ '풍요로운 너른 들'이라는 창평. 그 이름처럼 풍요로운 들녘에서 얻어낸 소산물이 넉넉하다 보니 천석꾼, 만석꾼이 많았고 나라가 위급할 때 주저 없이 돈을 내놓던 지주들 또한 많았다고 한다.
왼쪽 아래_ 정면 3칸, 측면 2칸인 팔작지붕으로 겹처마 2층 누각이다. 담양지방의 다른 정자보다 웅장한 규모를 자랑한다.
오른쪽_ 원래 현 면사무소 앞인 옛 창평 고을 동헌 자리에 있던 정자를 1919년 지금의 자리로 옮겨 세운 것이라 한다. 마을 사람들은 양로정養老亭이라 부른다.

정자와 누 177

는데, 『삼국유사』, 『가락국기』에 기록된 수로왕 묘의 제수에 '과(果)'라는 표현이 나온다. 본래는 과일이었으나 과일이 없는 철에 곡식가루로 과일 모양을 만들어 대용한 유래가 있어 이것을 과자의 시초로 본다. 고려시대에 들어와서는 귀족들이 즐겨 먹던 '유밀과'가 있었다. 유밀과는 불교행사인 연등회 때나 각종 행사에도 반드시 올렸다고 한다. 조선시대에는 임금의 다과상에 올렸으며 훗날 한국의 전통적인 제조방법을 이어받아 오늘날에는 일반인들에게도 널리 사랑받는 한국의 전통과자로 거듭나고 있다.

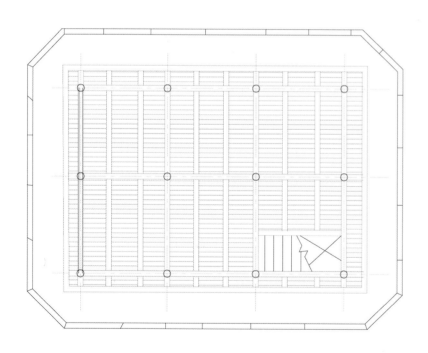

위_ 무고주 오량가다.
아래_ 삼천리 하삼천 마을 논 가운데 세워진 남극루는 1830년대 장흥인 고광일을 비롯한 30여 인에 의해 지어진 마을 공동건물이란 점이 특별하다.

1 누하주와 위로 오르는 계단이 보인다.
2 화반. 화반 옆으로 회벽처리를 하여 단순하면서도 기발한 모습이다.
달이나 해를 형상화한 데다 변화를 주어 품위가 있다.
3 난간청판에 풍혈을 뚫어 바람구멍을 냈다. 황금 들판이 보인다.
4 누의 하부 모습.
5 외벌대의 기단에 높은 누하주와 나무 계단.

정자와 누

2-23. 죽서루

竹西樓 | 강원 삼척시 성내동 9-3

자연석의 거칠음과 죽서루의 정돈된 위풍당당함이 만나 절경이 일품인 곳

한겨울 찬바람이 오십천을 휘돌아 절벽을 타고 오를 때나 후텁지근한 바람이 죽서루 지붕을 달아오르게 하는 여름 한복판에서도 풍경에 마음을 빼앗기면 삶은 순간 날개를 단다. 관동팔경 중 으뜸인 죽서루. 여기에서 관동關東이라 함은 한반도의 중동부로 현재의 강원도 일원을 말한다. 관동關東은 대관령의 동쪽이라는 뜻으로 고려 성종 때 전국을 10도로 나누어 편성할 무렵, 관내도關內道인 서울과 경기지역의 동쪽이라는 데에서 붙여진 지명이다.

태백에서 흐르기 시작하는 물줄기가 오십 번을 굽이쳐 동해로 흘러든다고 하여 이름 붙여진 오십천伍十川이 죽서루를 끼고 흐르며 동해로 합수 한다. 파도가 후려쳐도 아랑곳없이 버티고 선 기암절벽의 무게감과 죽서루의 단아한 풍취가 주변 경치와 함께 어우러져 빚어내는 멋진 삼중주의 화음이 아름답다. 죽서루 곁에는 오죽烏竹 숲이 있어 바람이 불 때마다 소리를 낸다. 죽서루에 기대어 댓잎을 훑고 가는 바람 소리를 잠자코 듣고 있을라치면 세상의 시름조차 모두 거두어가 줄 듯싶다.

죽서루竹西樓는 보물 제213호로 지정된 강원도 삼척시에 있는 누각이다. 다른 관동팔경의 누樓와 정후이 바다를 낀 것과는 달리 죽서루만이 유일하게 강을 끼고 있다. 죽서루의 건립 시기는 미상이나, 여러 역사적 기록을 통해 볼 때 고려시대부터 존재했다는 것을 알 수 있다. 1266년, 고려 원종 7년에 이승휴가 안집사 진자후와 같이 서루에 올라 시를 지었다는 것을 근거로 하여 1266년 이전에 창건된 것으로 추정된다. 그 뒤 조선 태종 3년인 1403년에 삼척부의 수령인 김효손이 대대적인 보수를 해서 오늘에 이르고 있다.

죽서루 명칭에 대한 유래는 두 가지가 전해 오는데 그 하나는 누의 동쪽에 죽림이 있었고 그 죽림 속에 죽장사라는 절이 있었다는 데서 명명되었다는 설이고, 또 다른 하나는 죽서루 동편에 황진이와 버금가는 기생인 죽죽선녀의 집이 있었다는 데서 이름 붙여졌다는 설이 함께 전해진다.

죽서루의 규모는 정면 7칸, 측면 2칸이지만 원래 정면이

5칸이었던 것으로 추측되며, 지붕은 팔작지붕이나 천장의 구조로 보아 원래는 맞배지붕이었을 것으로 짐작된다. 지붕 처마를 받치기 위해 장식하여 만든 공포가 기둥 위에만 배치한 주심포 양식이지만, 재료 형태는 다른 양식을 응용한 부분도 있어 조선 후기까지 여러 번의 수리로 많은 변형이 있었던 것으로 보인다. 또한, 기둥을 자연암반의 높이에 맞춰 직접 세운 점도 특이하다. 암반을 다듬거나 키를 맞추지 않고 그대로 둔 상태에서 기둥을 세웠는데, 기둥의 길이가 각기 달라 거칠어 보인다. 하지만, 몇 발짝 물러서서 죽서루가 정돈된 모습으로 위풍당당하게 서 있는 것을 바라보노라면 암반과 기둥의 거칠음조차 다 아름다움으로 여겨진다. 거칠음과 정돈됨과 절경이 한데 어우러진 죽서루는 그래서 더욱 일품이다.

죽서루 그림을 보고 바다로 착각한 어제御題를 내렸다는 정조와 김홍도의 유명한 일화가 전해져 오는 죽서루 풍경이 김홍도의 〈금강사군첩金剛四群帖〉에 남아 있는데 지도를 그린 것처럼 매우 정확하고 사실적으로 그려냈다. 가로 43cm, 세로 30cm의 작은 그림이지만 찬찬히 들여다보면 굽이쳐 흐르는 강물을 끼고 여유롭게 세워져 있는 죽서루의 모습이 의젓하고 멋지다.

왼쪽_ 관동팔경의 누樓와 정후이 바다를 낀 것과는 달리 죽서루만이 유일하게 강을 끼고 있다.
오른쪽_ 주변 두타산의 푸른 숲, 삼척시의 서쪽을 흐르는 오십천이 내려다보이는 절벽 위에 있는 죽서루는 예로부터 관동팔경의 하나로 손꼽힌다.

정자와 누 🏛 181

'죽서'란 이름은 누의 동쪽으로 죽장사라는 절과 이름난 기생 죽죽선녀의 집이 있어 '죽서루'라 하였다고 한다.

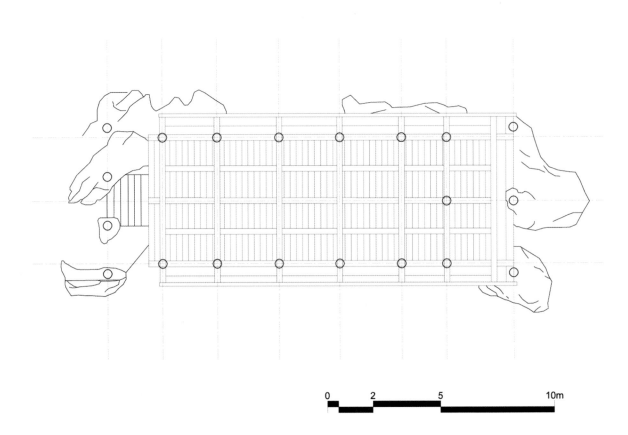

0   2   5   10m

1

2

3

1 창건자와 연대는 미상이나 『동안거사집』에 의하면, 1266년(고려 원종 7년)에 이승휴가
안집사 진자후와 같이 서루에 올라 시를 지었다는 것을 근거로 1266년 이전에 창건된 것으로 추정된다. 그 뒤
조선 태종 3년(1403년)에 삼척부의 수령인 김효손이 고쳐 세워 오늘에 이른다.
2 원래 정면이 5칸의 맞배지붕으로 추측되나 지금은 정면 7칸 규모의 팔작지붕이다.
3 누하주. 자연암반을 초석 삼아 높이에 맞춰 세운 점이 특이하다.

위_ 검은 대나무인 오죽이다.
아래_ 규모는 정면 7칸, 측면 2칸으로
시원하게 트였다. 내로라하는 문장가들과 시인들이
다 들러 간 곳답게 편액이 빼곡하다.

1 죽서루 편액.
2 '제일계정第一溪亭'은 현종 대의 1662년에
허목이 쓴 것이고, '관동제일루關東第一樓'는 숙종 대의
1711년에 이성조가 썼으며, '해선유희지소海仙遊戱之所'는
현종 3년에 이규헌이 쓴 것이다.
3 공포의 출목과 출목 사이를 좁고 긴 판재로 막은
순각반자이다.
4 합각. 박공이음부에 지네철을 대고 꺾쇠로 보강하였다.
5 계자난간과 누하주가 가지런하게 놓였다.
6 자연석을 다듬어 초석을 놓거나 혹은
막돌로 초석을 놓기도 했다.
7 암반 사이로 난 계단이 장대석으로 잘 다듬어져 있다.

2-24. 대산루

對山樓 | 경북 상주시 외서면 우산리 193-1

단층건물은 근경을, 2층 누각은 원경을 향하도록 계획된 누

대산루對山樓는 조선 중기의 학자인 우복愚伏 정경세鄭經 世가 열어놓은 선비의 독서처요, 강학당으로 조선 후기 입재 선생에 이르기까지 영남의 강학소로 널리 알려진 곳이다. 임진왜란 이후 1600년, 이조판서를 지낸 정경세는 혼란기 정권 다툼의 아수라장을 피해 벼슬을 버리고 고향에 내려와, 조그만 정자와 살림집을 짓고 은둔생활을 하면서 학문과 사상적 성취를 이루려 하였다. 정경세가 죽은 지 100여 년 후 영조가 정경세의 후손들에게 하사한 이곳이 바로 지금 대산루와 우복종가가 있는 우산동천愚山洞天이다.

대산루는 정경세의 6세손 정종로가 이곳에 남아 있던 정경세의 가옥들을 수리하고 중창하는 동시에 서원과 서당, 정사 등을 지으면서 대산루도 18세기 후반에 다시 지어 이름 붙인 것으로 추정된다. 이 건물은 좌측 언덕 위에 있는 우복종가와 그 뒤쪽 주산 밑에 있는 서원으로 이용한 도존당, 고직사와 서로 관계를 맺으며 정씨일가의 소우주를 이루고 있다.

대산루는 산을 마주하는 누각으로 널찍한 대지 위에 잡석으로 축대를 낮게 쌓았다. 자연석초석에 원기둥의 팔작지붕으로 단층건물에 연결하여 2층 누각을 세운 T자형의 건물이다. 대산루를 보면 건축물은 무한한 변화와 창조를 할 수 있다는 사실을 다시금 확인하게 된다. 단층건물은 정사로 강학 공간, 2층 누각은 휴양·접객·장서·독서 등을 위한 복합용도 건물이다. 두 건물은 단층건물 내부의 돌계단으로 연결되어 하나의 건물로 통합된다. 조선시대 민간 건축에서는 유례를 찾기 어려운 독특한 건물이다.

단층건물은 정면 4칸, 측면 2칸인데 남쪽 2칸은 대청이며 내동주가 없고 북쪽 2칸은 방이며 툇마루와 이어진 돌계단을 통해 누각에 오르도록 했다. 누상에는 정동교가 쓴 '대산루對山樓' 초서 현판이 걸려 있다. 5칸의 2층 누각은 가운데 두 번째 칸에 놓인 단칸 온돌방에 의해 공간이 분할된다. 방 앞의 누마루는 경관을 즐기며 휴식하는 곳이고, 뒤에는 한 칸의 숨겨진 창고와 두 칸의 책방이 있다. 즉, 단층 정사건물은 제자들을 가르치는 강학의 장소로 모두에게 개방된 공간이고, 2층 누각의 누마루 부분은 친지들을 대할 때는 접객공간으로, 책을 읽을 때는 독서공간이 되는 사적인 공간이다. 작은 집이지만 영역의 성격을 분화하여 3단계로 구획하고 있다.

대산루의 가장 특징적인 점은 하부에 부엌 장치를 하고 2층 누마루에 온돌방을 드렸다는 점이다. 2층 누마루에 구들을 놓고 불을 때서 난방하는 것은 무척 어려운 기술이다. 누마루는 추운 겨울에는 사용할 수 없으므로 온돌방만 설치되면 사계절 누각을 이용할 수 있다. 대산루의 이 온돌방은 건물의 효용을 두 배로 늘려준 획기적인 고안이며 이러한 양식은 건축사 연구에 귀중한 자료가 된다.

대산루 옆으로는 작은 실개천이 흐르는데 물이 맑고 곱다. 그리고 앞으로는 큰 개천이 흐른다. 물 밖에 물이 다시 흐르고 그 너머에는 멀리 큰 산이 낮은 구릉으로 마주 보고 있다. 이러한 자연환경을 모두 끌어들이기 위해 단층건물과 2층 누각을 직각으로 연결하는 특이한 구조를 만든 듯하다. 단층건물은 작은 경관인 근경을, 이층 누각은 큰 경관인 원경을 향하도록 계획되어 건물 앞을 흐르는 물처럼 눈 맑은 사람의 마음이 잘 갈무리된 건물이다. 이 건물의 이름이 바로 '산을 마주 대하는 마루'라는 뜻의 '대산루'이다.

왼쪽_ 우선 주변 환경부터가 예사롭지 않다. 즉, 단층은 작은 경관인 근경을 2층 누각은 큰 경관인 원경을 향하도록 계획됐다.
오른쪽_ 옆으로는 작은 실개천이 그리고 앞으로는 큰 개천이 흐르고, 앞으로는 멀리 큰 산이 옆으로는 가깝게 낮은 구릉을 대하고 있다.

정자와 누 187

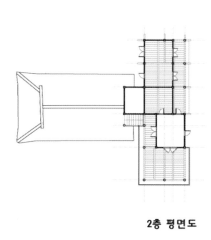

2층 평면도

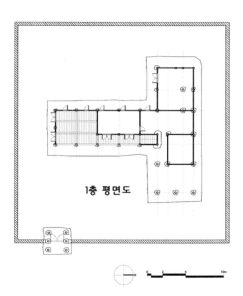

1층 평면도

위_ 툇마루와 이어진 돌계단을 통해서 누각에 오르게 했다.
아래_ 대산루는 살림집은 아니다. 정경세가 공부하던 곳에 후손이 다시 지은 단층 강학공간과
2층 누각에 휴양, 접객, 독서를 위한 공간이 완벽히 하나로 결합한 복합건물이다.

1 2층 누에서 바라본 전경이다.
2 누각으로 올라가는 계단이 오른쪽에 보인다. 담장 위에 수키와를 얹은 것이 특별하다.
3 문얼굴을 통해 본 퇴칸. 햇볕이 마루까지 찾아왔다.
4 내부 방 모습.

1 우물마루와 무고주 오량가의 천장가구 모습이다.
2 누 밑에 설치한 아궁이 모습이다.
3 서서 불을 때는 입식 함실아궁이이다.
4 2층으로 올라가는 계단이 보인다. 툇마루를 통해서 대산루로 올라간다.

1 누에 부엌장치와 온돌방을 둔 것은 조선시대의 보기 드문 건축양식으로
건축사 연구에 귀중한 자료가 된다.
2 통머름 위에 여닫이 세살 독창이다. 소박하고 아담해 보인다.
3 통머름 위에 투박한 문얼굴을 한 쌍창雙窓이다.
4 외기 안쪽은 추녀와 서까래의 말구가 보여 우물반자로 눈썹천장을 만들어 깔끔하게 처리했다.
5 벽면에 공工자로 문양을 삼았다. 공工은 하늘과 땅을 이어주는 것을 본떠 만든 글자이다.
공부工夫라고 하는 것도 하늘과 땅의 원리를 사람이 서서히 깨닫는 것을 말한다.
6 평방 위 계자난간과 출목도리의 가구구성이 특이하다.
7 세월이 흘러가면 집은 쇠락해도 담쟁이덩굴은 해마다 새롭다.
고색창연한 모습이 다시 살아나는 생명과 대조를 이룬다.
8 누하주와 덤벙주초의 모습이다.

3

서민집

신분·남녀 공간의 구분 없이 구하기 쉬운 재료로 작게 지어 환경에 가장 잘 적응한 집

홍쌍리 청매실농원초가 | 남한산성 초가 | 우복종가 계정溪亭 |

성주 한개마을 진사댁 | 수원 광주이씨 월곡댁 | 까치구멍집

민가民家란 일반 백성이 사는 집이란 뜻이지만 좁은 의미로 중·하류층의 일반 서민들이 살았던 집을 '민가'라 부른다. 서민들의 살림집이다. 집을 통해 드러내고 싶은 권위나 치장에는 관심을 두지 않고 환경에 맞게 지은 생활 집이다. 쉽고 편리하게 지을 수 있는 형태를 지녔다.

자본력이나 권력을 갖지 못한 백성의 삶을 그대로 보여주는 집으로, 재료도 주변에서 구하기 쉬운 평범한 재료를 그대로 쓰고 있다. 나무가 흔한 지방에서는 통나무집을 지었고, 질 좋은 진흙이 있는 지역에서는 토담집을 지었다. 지붕의 재료 역시 주변에서 얻었다. 기와집도 있지만 서민들에게는 그리 흔한 경우가 아니었다. 대개 쉽게 구할 수 있는 것들로서 주로 볏짚, 새, 갈대, 너와, 점판암 등을 이용했다. 일반적으로 벼농사를 짓는 평야지대에서는 볏짚을, 삼림이 풍부한 태백산 등지 및 울릉도에서는 나무를 얇게 쪼갠 너와를 지붕에 덮었다. 너와집은 통나무를 잘라 기와나 돌 대신에 지붕을 이은 집으로 배기가 잘되어 여름에는 서늘하고 겨울에 눈이 와서 지붕에 쌓이게 되면 보온효과가 컸다. 충청북도 보은 등에서는 얇게 쪼갠 점판암, 낙동강 하구에서는 갈대 등이 사용되었으며, 제주도에서는 억새로 지붕을 덮고서 바람에 날리지 않도록 굵은 고사새끼로 가로 세로로 촘촘히 묶어 주었다. 강원도나 경상도 산간지방에서는 나무껍질을 벗겨 낸 굴피로 지붕을 삼기도 했다.

한옥은 상류주택과 서민주택에 따라서도 구조를 달리한다. 대가족이 함께 어울려 사는 한국의 전통사회에서 상류계층의 주택은 신분과 남녀, 장유를 구별한 공간 배치구조를 하였다. 즉, 집채를 달리하거나 작은 담장을 세워 주거공간을 나누었다. 신분과 남녀의 공간구별 탓에 전체적으로 폐쇄적인 형태를 지닌 한옥은 담장이 발달해 있다. 상류주택은 장식적인 면에도 치중하여 주택의 기능면에서뿐만 아니라 예술적인 가치에서도 뛰어난 건축물이 많이 남아 있다.

일반 서민들은 집을 지을 때도 구조에서부터 재료에 이르기까지 장식적인 면보다는 기능적인 면을 더 중시했다. 주재료는 돌과 나무였는데, 기둥과 서까래, 문, 대청바닥 등은 나무를 썼고, 벽은 짚과 흙을 섞은 흙벽으로 만들었으며, 창에는 역시 닥나무 껍질 등으로 만든 한지를 발랐다. 바닥에는 한지를 간 뒤 콩기름 등을 발라 윤기를 내어 방수 기능을 첨가했다. 간단하고 작은 규모로 가장 친환경적으로 지어졌다. 신분이나 남녀를 구별하여 공간을 나눌 여력이 없었다. 생활하는 데 가장 필요한 기본적인 구조만으로

지은 가옥이다. 집의 공간 분할도 방, 대청, 부엌으로 이루어졌다. 소를 키우는 집인 외양간을 짓기도 했다. 집의 크기가 작아 격식을 따질 입장이 아니었다. 마루도 쪽마루를 주로 이용하였고 별도로 툇보를 걸기 어려워 툇마루나 대청이 발달하지 못했다.

담장이 없는 경우도 흔했고 담장은 낮고 안이 훤히 들여다보이는 형태로 되어 있다. 담장의 재료 또한 탱자나무, 측백나무, 아카시아 등을 촘촘히 심어 만든 생울이나 싸리의 가지로 엮어 만든 싸리울처럼 작업이 쉬운 것들로 이루어지거나 돌담과 토담이 일반적이었다. 담장은 영역의 구분을 할 정도로만 만들었다. 집터는 집을 앉힐 만큼만 골라서 평평하게 한 후에 집을 지었는데, 두 채 이상을 지을 때도 집의 규모가 크지 않으므로 낮거나 높은 지형을 그대로 이용하여 독립된 채로 지었다. 서민이 사는 집들은 조촐하고 작으면서도 격식을 따지지 않고 생활하기에 편리하게 지어졌다.

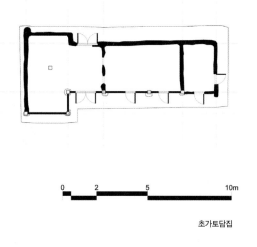

초가토담집

초가도토마리집

1 초가토담집. 목조기둥과 하방下枋, 중방中枋 등의 목재 골조가 생략되고, 대신
진흙을 개서 볏짚을 넣고 벽체를 만드는 판축방식으로 세운 토벽의 두께가 30cm 정도로
두꺼운 편이라 보온과 방풍효과가 크다.
2 초가도토마리집. 전통한옥의 하나로 한가운데에 부엌 칸이 있고
양쪽으로 방이 한 칸씩 나 있는 모습이 베틀 도토마리의 생김새처럼 닮았다 하여 붙여진 이름이다.
3 통나무집. '귀틀집' 혹은 '투방집'이라고 부르는 통나무집은 나무의 자연적인 생김새 그대로
굵기와 길이만을 재단해 사용하므로 다소 투박해 보이고 거칠지만 저렴한 비용으로 집을 지을 수 있을뿐더러 집의 수명이 길다.
통나무로 사방의 벽을 치고 그 틈 사이로 진흙을 발라 찬바람을 막았다.
4 한국민속촌 초가집. 절구, 항아리, 들마루가 보인다. 담백하고 조촐한 생활 모습이다.
5 낙안읍성 초가집. 돌담과 초가가 주는 위안은 크다. 수십 년 전만 해도 한국인의 가슴속에 자리 잡은 전형적인 집이었다.

1 성주 한개마을 진사댁. 사람 사는 마을에 피는 꽃은 힘들게 살아가는 사람들의 위안이다.
2 일산밤가시초가. 초가집은 마음을 푸근하게 한다. 잃을 것이 없는 집이라 담장도 허술하다.
3 제주 성읍마을, 한봉일 가옥. 제주의 민가는 육지보다도 더 단순하고 질박하다. 살아가면서 필요한 것이 그리 많지 않다는 것을 제주의 민가에서 느낄 수 있다.
4 한국민속촌 초가집. 어디를 보아도 드러내려는 모습이 없다. 낮은 기단 위에 작지만, 행복한 집을 꾸미고 살아가는 서민의 집이다.
5 삼척 신기 정상흥 굴피집. 좁은 마당에 굴피가 쌓여 있다. 살고 있는 굴피집은 이제는 보기 어려운 풍경이 되었다. 깊은 오지에 한 채가 달랑 있다.
6 하동 최참판댁. 지붕으로 기어오르는 호박 덩굴이 생기를 준다. 외양간에는 소가 여물을 먹고 있다. 예로부터 소는 가족의 일원.
밖에 노출된 초라하고 작은 아궁이, 무쇠솥이 듬직하게 자리 잡았다.

3-1. 홍쌍리 청매실농원 초가

전남 광양시 다압면 도사리 403

소멸의 끝자락을 배웅하는 굴뚝처럼 소멸이 아름다움일 수 있는 생이야말로 성공한 인생이다

한 사람의 땀방울로 일군 농장이 전 국민이 찾아가서 즐기는 기쁨의 장소가 될 수 있다는 사실이 놀랍다. 여인 혼자의 몸으로 도전한 세상은 화려하면서도 유익함이 넘치는 곳으로 변해 있다. 우수가 지나고 가슴 속에 스멀스멀 봄기운이 차올라 간지럼을 태우면 봄맞이하러 가고 싶은 사람들이 제일 먼저 달려가는 곳이 광양에 있는 이곳 청매실농원이다.

홍쌍리 청매실농원에는 농가 한 채가 있다. 일한 만큼만 얻을 것을 기대하고 사는 서민의 집인 초가를 마련한 마음이 참 따뜻하게 느껴진다. 농가는 백운산 자락이 백사장을 적시며 흐르는 섬진강을 만난 곳에 자리 잡은 5만 평이나 되는 매화 동산 중턱에 있다. 도연명이 말한 무릉도원이 바로 이곳인가 싶을 만큼 아름다운 농원에는 수십 년 묵은 매화나무 아래 싱그러운 얼굴의 청보리가 바람을 타고 물결친다. 이곳에 서서 굽이쳐 흐르는 섬진강 너머 하동 방향에 있는 한 폭의 동양화 같은 마을을 내려다보면 세상은 온통 꽃밭이다.

농가는 ㄱ자형 안채와 ㅡ자형 사랑채로 이루어져 있는 홑처마인 납도리집이다. 지붕은 이엉을 얹은 우진각 형태의 초가지붕이며 도로면부터 경사지를 이용한 계단식의 마당으로 구성되어 있고, 자연석을 이용하여 지형에 맞게 기단과 초석을 놓았다. 지형에 어울리는 배치를 통해 자연스러움을 들여놓았다.

안채는 정면 4칸으로 방 1칸, 대청 1칸, 부엌 1칸과 ㄱ자로 꺾인 동쪽은 정면 1칸에 측면 2칸으로 작은 방 2개를 내었다. 건물배치는 경사진 자연지형을 이용하여 방과 대청에서 한 단 밑으로 부엌을 두고, 부엌에서 동쪽으로 난 작은 방 2개도 한 단을 낮춰 계단식으로 자연스럽게 건물을 배치하였다. 동쪽으로 난 작은 방 2개는 흙과 돌을 쌓아 화방벽을 하였는데 벽면이 다각형의 비대칭을 이루고 있다. 왼쪽 방은 툇마루 앞에 쪽마루를 설치하고 쪽마루 밑에 함실아궁이를 두었다. 창호는 남쪽과 동쪽으로 벼락닫이 문을 설치하였다. 벼락닫이 문은 받침대로 걸쳐놓았다가 닫을 때 받침대를 치

우면 벼락같이 닫힌다 하여 지어진 이름이다. 방과 대청 앞에는 작은 툇마루를 두었다. 밖으로 나갈 때 툇마루에 앉아 신발을 신으며 숨을 고르고, 집에 돌아와서는 잠시 툇마루에 걸터앉아 하루를 되돌아본다. 이곳에 고즈넉이 앉아 비 오는 날이면 낙숫물 떨어지는 것을 바라보며 세월의 속도를 가늠해보기도 하고, 눈 오는 날이면 눈발 날리는 허공을 바라보며 삶의 분분한 가벼움을 저울질해 보기도 하는, 툇마루는 시적인 만남과 소통의 장소이다.

부엌은 앞뒤로 통하도록 하고 판벽에 널판문을 설치하였다. 통풍과 채광을 위해 앞쪽의 널판문 위로 봉창을 냈고 뒤쪽의 널판문에는 광창을 냈다. 부엌은 양옆으로 아궁이를 내고 ㄱ자로 꺾인 작은 방 2개에 불을 땔 수 있게 했다.

사랑채는 정면 4칸에 측면 2칸으로 왼쪽부터 대청 2칸, 방 1칸, 고상마루 1칸으로 구성되어 있고, 대청과 방 앞에 툇마루를 두었다. 방은 마당 쪽으로 머름을 대어 여닫이 세살 쌍창을 냈고, 대청 쪽으로 미닫이 세살 쌍창을 내어 출입문으로 사용하였다. 함실아궁이를 방 뒤로 두었고 흙과 돌로 쌓은 굴뚝은 고상마루 옆에 있다.

초가지붕이 둥근 곡선으로 하늘과 만나고 있다. 이 초가가 사람의 시선을 끌어당기는 이유는 굴뚝 때문이다. 이 집에서 가장 미학을 담은 굴뚝이다. 흙과 돌로 쌓아 굴뚝을 만들고 위에는 넓은 돌을 얹어 연가를 대신했다. 다시 봐도 천연덕스러운 굴뚝의 멋이 예사롭지 않다. 다 태우고 마지막 연기로 사라지는 소멸의 끝자락을 배웅하는 굴뚝이 아름답다. 소멸이 아름다움일 수 있는 생이야말로 성공한 인생이리라.

왼쪽_ 흙과 돌로 쌓아 토축굴뚝을 만들고 위에는 넓은 돌을 얹어 연가를 대신했다. 천연덕스러운 굴뚝의 멋이 예사롭지 않다.
오른쪽_ 매화 가지에 봄의 전령 역할을 하는 매화꽃이 피었다. 활력의 봄이다.

서민집 199

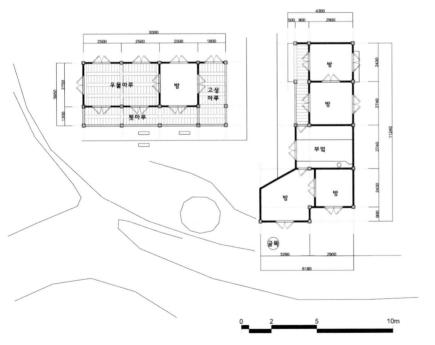

위_ 매화밭 중앙에 집이 한 채 있다.
꿈을 꾸는 집이다. 건물배치는 경사진 자연지형을 이용하여
계단식으로 자연스럽게 건물을 형성하였다.
아래_ 홍쌍리 청매실농원. ㄱ자형의 안채는 홑처마인 납도리집이고
지붕형태는 이엉을 얹은 우진각 형태의 초가지붕이다.

위_ 경사지를 이용한 계단식의 마당으로 구성되어 있고 자연석을 이용하여 지형에 맞게 기단과 초석을 놓았다.
아래_ 사랑채 툇마루에서 안채를 바라본 모습이다.

위_ 해발 1,217m에 달하는 백운산 자락이 섬진강 쪽으로 흐른다. 청매실농원 내 초가는 섬진강 옆에 자리 잡은 5만 평이나 되는 매화밭 중턱에 있다.
아래_ 이처럼 길이 아름답고 길 위에 선 사람들이 아름다운 곳은 드물다. 마음을 훈훈하게 하는 집이 있어 길이 외롭지만은 않다.

1 정자가 보인다. 농원 중턱에 있는 이곳에서 내려다보면
굽이져 흐르는 섬진강 너머 하동 쪽 마을이 한 폭의 동양화 같다.
길과 사람이 꽃밭에 묻힌 이곳이 무릉도원이다.
2 무릉도원에 초가가 있고, 초가 주위에 꽃이 절정이다.
3 원두막에도 봄이 왔다. 매화꽃은 지천으로 피었다.
4 작은 방이지만 빛이 가득하다.
5 전구에 갓을 씌워 놓은 모습이 멋지다. 꾸며 놓은 주인의 마음이 고맙다.
6 부뚜막에 솥이 걸려 있고 항아리도 한 자리를 차지했다.
불을 지피는 아궁이에 연기가 난다. 살아 있는 집이다.

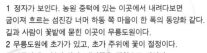

서민집

3-2. 남한산성 초가
경기 광주시 산성리 473

전통한옥의 옷을 입고 식당으로 다시 태어난 초가

남한산성의 초가는 목구조로 지붕은 초가지붕이다. 전통과 현대가 만나 새로운 한옥의 진로를 찾는 직접적인 논의와 방법을 이끌어 내면서 노력한 흔적이 보인다.

남한산성은 300여 년간 광주의 지방정부가 있던 마을로, 숙종 이후 이곳에 집단적으로 마을이 형성되기 시작하여 인구가 가장 많았을 때는 민가만 해도 1,400여 호나 되었다. 이 마을에 있던 광주 군청이 1917년 현 광주시 경안동으로 이전하면서 마을이 퇴락하기 시작하여, 1960년대 이후 작은 마을로 변모하게 되었다. 남한산성이 국가사적으로 지정되고, 경기도립공원으로 지정되면서 활기를 되찾기 시작하여 현재에 이르고 있다. 호국항쟁의 역사가 서린 남한산성의 행궁은 약 90년 만에 옛 모습대로 복원되었다. 임금의 처소인 내행전, 임금의 휴식처인 재덕당, 광주유수 집무실인 좌승당, 수행원들이 묵었던 남·북행각 등 상궐 5채가 고증을 거쳐 전통 궁궐 한옥양식으로 재건되었다.

남한산성 한옥 이주단지는 남한산성 복원 정비사업의 하나로 행궁지 주변 15가구를 1단지 10가구, 2단지 5가구로 나누어 이주시켜 만든 마을이다. 남한산성공원 내에는 건축할 수 있는 땅이 제한적이고 있다 하더라도 소규모로 당시 행궁 주변에 단지를 기획한 담당자들이 얼마나 고충이 컸을지 짐작이 가는 대목이다. 그나마 남한산성의 초가가 있는 2단지는 평지로 행궁지와 약간 떨어져 있고 연무관과는 백여 미터 떨어진 곳에 있다.

남한산성 한옥의 대부분은 현재 상업용 식당으로 사용되고 있고 음식점과 살림집을 겸한 복합구조이다. 초가도 예외는 아니어서 상업을 목적으로 하는 공간을 1층에 배치하고 살림집은 밑에서 보면 도로면에 접한 1층이나 위에서 보면 지하층인 곳에 배치했다. 초가는 처음 허름하고 토속적인 한옥을 생각하여 건물높이를 8m 이하로 하고 행궁보다는 격을 낮게 지으려 하였다. 하지만, 초가라 하더라도 최소 홑처마에 민도리집 이상으로 하고 기와지붕을 해야 되는 조례기

준으로 심의과정에서 많은 시간을 보냈다. 넓은 의미에서 초가집도 한옥인 만큼 심의과정을 거쳐 절충된 형태인 오량가 민도리집에 지붕은 초가지붕으로 지어진 것이다.

평면은 본체를 ㄴ자형으로 하고 별채를 장방형의 一자형으로 하여 전체적으로는 ㄷ자형의 평면구성을 하고 있다. 본체는 오량가로 가운데에 거실을 두고 좌·우측에 방을 배치하고 별채는 단체손님을 받을 수 있도록 큰 공간을 확보하였다. 기초는 간편하게 철근콘크리트 기초를 하여 건물의 하중을 전달받도록 함으로써 기단은 간단하게 처리할 수 있었다. 정면 앞에는 디딤돌을 놓고 전봇대를 세웠다. 싸리울을 만들어 옛 정취를 살리고, 화단에는 관목과 꽃을 심어 멋을 내었으며 수공간을 끌어들여 4개의 물확으로 낙차를 줌으로써 자연스러움을 더했다. 외벽에는 소품을 걸고 거실에는 전통적인 가구와 물건들을 놓아 한결 더 고풍스러운 분위기를 자아냈다.

현대 한옥에서의 어려운 점은 현대적 기능을 어떻게 전통의 그릇에 어색하지 않게 조화롭게 담을 것인가 하는 점이다. 설계 시 전통 목구조와 설비, 마감재 등 현대 건축공법을 결합한 상세도면이 필요하고 창과 벽체의 단열성능을 높일 수 있는 연구가 필요하다. 이런 점에서 남한산성 한옥

왼쪽_ 처마는 홑처마로 하고 구조는 납도리로 했다. 행궁 옆에 있어 격을 맞추기 위해서다.
오른쪽_ 디딤돌과 정원이 있는 개량한옥으로 창호나 장식품이 잘 어울린다.

마을은 우리에게 시사하는 바가 크다. 남한산성 내에 거주하는 주민과 남한산성의 전통을 살려가는 작업의 하나로 변모하는 것도 또 다른 역사의 한 부분이 될 것이다. 전통의 초가집에서 흔히 보던 흙벽이나 돌담의 자연스러운 멋과 맛은 느낄 수 없지만, 새로운 시대적 변화를 읽게 되는 것도 어쩌면 자연스러운 일일 것이다.

1

2

3

4

1 전통방식과 새로운 방식이 만나 보기에도 좋은
개량된 상업공간의 한옥이 지어지고 있다. 지금은 한옥의
멋과 다양성이 만나는 시점이다.
2 옛날의 초가와는 다른 현대적인 감각을 살려 치장하였다.
3 민가가 이제는 멋을 위해 지어진다.
사용하던 농기구나 생활용품을 새로 지은 집에 걸어도 어울린다.
4 대나무 갓등이 한옥과 아주 잘 어울린다.
나무가 주는 위안과 빛깔이 여간 반갑지 않다.

1 한옥의 변화가 눈에 띈다. 천장구성이나 바닥재와 세살문이 새롭게 변화한다.
2 한옥의 장점은 살리고 단점은 보완해서 한결 사용하기에 편리해졌다. 빛과 바람통로도 만들어 고전적인 한옥의 멋을 살린 아담한 실을 꾸몄다.
3 초가 편액.
4 거실에 전통적인 가구와 물건들을 들이면 한결 고풍스러워진다.
5 싸리울로 전통방식의 토속미를 보여주고 있다. 바지랑대로 싸리를 엮었다.
6 높이에 따라 떨어지도록 배열한 물확이 멋지다. 새롭게 진화하는 변화를 볼 때마다 반갑다.

3-3. 우복종가 계정

愚伏宗家 溪亭 | 경북 상주시 외서면 우산리 193-1

작고 초라한 초가지만 의미로서의 크기는 대산루를 끌어안는다

대산루 앞에 있는 계정溪亭은 우복愚伏 정경세鄭經世가 은거생활을 하기 위해서 우산리에 내려와 지은 정자로, 정경세가 이곳에 연고를 갖게 된 최초의 건물이다. 정경세가 우산에 처음 자리 잡은 3년 후인 1603년경에 지은 것으로, 주위에 토담을 두르고 방 1칸과 마루 1칸인 최소 규모의 초가지붕을 한 삼량가의 소박한 건물이다.

계정은 원래 청간정聽澗亭이라 불렀는데 '흐르는 계곡의 물소리를 듣기 위한 정자'라는 뜻을 담고 있다. 이름도 맑은 이 정자는 선비의 청빈함을 나타내기에 모자람이 없어 보인다. 계정에서 20m 정도 떨어진 곳에 작은 개울이 있어 지금도 가만히 귀를 기울이면 시간을 거슬러 그 옛날에 흐르던 물소리를 다시 들을 수 있을 듯하다. 마루의 서쪽 벽에는 초가에서는 보기 드문 옛날식의 영창映窓이 나 있다.

계정은 정경세의 별장 겸 서실이다. 작아도 계정이 중심이며 그 옆에 있는 덩치가 큰 대산루가 외려 부속건물이라 할 수 있다. 계정을 중심으로 대산루를 포함한 공간은 조선 후기까지 영남의 강학소로 널리 알려진 곳이다. 정경세는 이황과 류성룡으로 이어지는 성리학의 학통을 계승한 인물로 관료로서의 업적보다는 훌륭한 학자로서 위치가 더 굳건하다. 이렇듯 계정은 정경세가 후세에 자신의 정신을 전하고자 한 상징성이 강한 건물로 후손들도 그의 뜻을 받들어 대산루 등을 크게 중창할 때에도 원형 그대로 남겨 두어 현재까지 잘 보존해 오고 있다. 작은 초가 한 채이지만 그 의미에 있어서는 계정 뒤쪽에 있는 대산루를 압도할 만큼 크다.

정경세는 무려 14번이나 대사헌에 임명되었던 인물이다. 대사헌은 종2품으로 대헌이라고도 하는데, 정사를 논하고 백관을 감찰하여 기강을 바로잡는 등의 업무를 맡은 사헌부의 수장이다. 현재의 검찰총장이나 감사원장을 겸한 자리이며 사헌부 관리를 대관이라고 했다. 길에서 대관을 만나게 되면 위세 당당한 왕족조차도 먼저 피해간다는 말이 있을 정도로 그들의 권위는 대단했다고 한다. 그만큼 대관들이 올바른 국정을 이끌어 가기 위해 국왕에 맞서 탄핵하고 간쟁한 결과라고 볼 수 있다.

우복은 고관대작의 반열에 들었던 사람이지만, 귀향하면서 우산리로 들어와 초라하다고 할 만큼의 청빈한 생활을 받아들이고 살았다. 정경세의 이러한 청빈함과 성리학자로서 이룬 학문적 업적은 조정에서 후세에까지 높이 기려 영조 대에 와서는 정경세를 위하여 이 우산리 일대를 하사하여 사패지로 지정하였다. 정경세와 영조와의 시간적, 공간적 거리가 100년이나 되었음에도 정경세의 권위는 살아 있었다. 청빈과 안분을 지킨 한 사람에게 주어지는 영광이었다. 그만큼 정경세가 조선에 끼친 영향은 깊고 넓다고 하겠다.

왼쪽_ 일각문에 초가를 얹었다. 청빈하게 살았던 정경세의 모습을 보는 듯하다.
오른쪽_ 담장 너머 계정의 측면이다. 작은 규모의 초가지붕 집인 계정은 주인 정경세에게 있어서 삶의 표본으로서나 가치관의 가장 상징적인 건물이다.

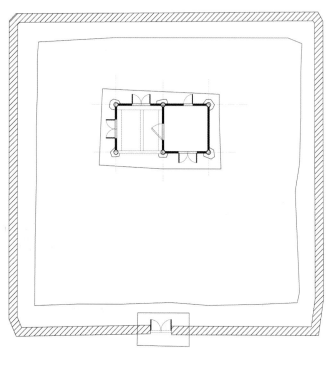

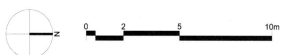

위_ 삼량가로 굴도리 홑처마이다.
우복이 계정을 만든 근본정신은 풍족하고 부유하지만,
그 티를 내지 않고 스스로 가난을 자처한 '청빈의 미학'이다.
아래_ 세살청판분합문 위로 동자대공이 보인다.
과장 없는 가구의 모습이 소박하고 편하게 다가온다.

1 널찍한 통머름 위로 여닫이 세살 쌍창과 문얼굴 사이로 여닫이 세살 독창이 보인다.
계정은 1603년경 정경세가 우산리에 처음 자리 잡은 3년 후에 지은 집이다. 방도 작고 꾸밈이 없다.
2 여닫이 세살 독창이다.
3 문얼굴 사이로 토석담이 곱다. 계정은 초가로 된 2칸의 초당인데 1603년 건립되어 정경세가 독서하던 곳이다.
4 통머름 위 널판문을 여닫이 쌍창으로 했다.
5 굴도리집이다. 단순하나 기와지붕을 올려도 좋을 만큼 기둥과 서까래의 부재가 튼실해 보인다.
6 보태지도 않고 어딘가 허전하기까지 한 동자대공이다. 가난한 선비를 만나는 기분이 든다.
7 서까래가 그대로 보이게 해 놓은 연등천장이다. 서까래 사이를 앙토한 겉에 생석회를 발라 마무리했다.

3-4. 성주 한개마을 진사댁

경북 성주군 월항면 대산리 328-1

아담하고 소박한 집에 사랑채가 두 채나 있는 집

따뜻한 기운이 감도는 집이다. 약간 경사진 고샅을 오르면 문이 나오는데 집 안으로 들어서는 순간 밖에서 보던 것보다 훨씬 더 잘 가꾸어진 집임을 알게 된다. 마당에 잔디를 깔아 놓아 집 안 가득 초록빛이 넘실대고 있다.

대산리 한개마을은 성산 이씨 집성촌으로, 진사댁은 성산 이씨 정언공파의 후손들이 짓고 살아온 가옥으로 당시에는 예안댁禮安宅으로 불렸다. 후일 정언공파의 30세손인 이국희가 살림을 나면서 이 집을 사서 들어와 살게 되었다. 이국희李國熙는 1894년 조선왕조가 마지막으로 실시한 소과에 합격하여 진사가 되었으나 관계官界에는 진출하지 않았다. 하여 이후 이곳을 진사댁進士宅으로 부르게 되었다.

건물은 안채, 사랑채, 고방채 등으로 구성되어 있다. 그리 크지 않은 집의 규모와는 달리 드물게 사랑채가 두 채라는 점과 안채는 기와지붕을, 사랑채와 작은사랑채는 초가지붕을 얹은 점이 특별하게 눈에 뜨인다. 남성의 공간인 사랑채는 안채 못지않게 당당하고 위엄이 느껴지도록 꾸미는데, 진사댁의 사랑채는 초가지붕을 얹어 위엄보다는 안온한 느낌이 들게 하여 집에 따뜻한 기운을 불어넣고 있다.

보통 사랑채는 대문의 정면이나 혹은 정면보다 약간 비켜서 짓는 것이 조선시대 가옥구조의 일반적인 예다. 하지만, 이 집은 사랑마당에 들어서면 사랑채가 넓은 사랑마당을 바라보고 서남향으로 앉아 있고, 사랑채 뒤에는 동서로 긴 넓은 안마당이 있는데 동쪽에는 안채가 넓은 안마당을 바라보고 서남향으로 앉아서 동남 모서리에 우물과 장독대를 거느렸으며, 서쪽 편에는 장방형의 작은사랑채가 안채와 나란히 서남향으로 자리를 잡았다.

사랑채는 3칸 전면에만 원기둥으로 퇴주를 세워 툇마루를 드렸고, 그 뒤로 왼쪽에는 전면이 개방된 우물마루 1칸, 오른쪽에 온돌방 2칸을 배치하였다. 안채는 정면 7칸 중 오른쪽 5칸에 툇마루를 두었으며, 그 뒤 2칸 안대청을 중심으로 왼쪽에 2칸 온돌방, 오른쪽에 1칸 건넌방 등을 두었다. 건넌방 앞 툇마루 밑에는 함실아궁이를 설치해 놓았고 안방 쪽 칸 위에는 다락을 만들었다.

작은사랑채는 앞쪽에 난간을 세우고 누마루처럼 꾸민 마루 1칸과 온돌방 1칸, 창고 등으로 구성되어 있다. 누마루에서 방으로 들어가는 문은 '만卍'자 장식으로 멋을 내었으며 보기 드물게 섬세하고 아름다운 구성을 보이고 있다. 누마루는 두 명 정도 올라가 앉으면 알맞을 크기인데 실제로 올라가 앉아보니 두 명이 담소하며 마주하기에는 충분한 공간이다. 누마루에 붙어 있는 작은 방도 두 사람이 자면 체온을 느낄 정도의 크기다. 벽 한쪽으로 문이 세 개 나 있는데 저마다 크기도 다르고 용도도 달랐다. 가장 큰 문은 이불장이었고, 하나는 서고로 쓰였다. 나지막이 아주 작은 애교스러운 창이 하나 더 있는데 바로 눈꼽재기창이다. 눈꼽재기창이란 겨울에 열 손실을 줄이기 위해 방안에서 밖을 내다볼 수 있도록 문이나 창 안에 만든 아주 작은 창을 말한다.

진사댁은 지금도 관리가 잘 되고 있고 묵어갈 수 있도록 편의시설이 마련되어 있으니 성주 한개마을에 들르게 되면 이곳에서 하루 묵어가도 더없이 좋은 추억이 될 것이다. 안주인 되는 분이 일흔이 넘었다고 하는데 50대로 보일 만큼 젊고 건강하다. 이곳에 상주하지 않으므로 집의 관리는 전통가옥 체험자가 있을 때나 휴일에 와서 돌아본다고 한다. 밝고 맑고 따뜻한 분이다.

왼쪽_ 작은사랑채에 불이 켜진 모습으로 댓돌과 디딤돌이 돋보인다.
오른쪽_ 난간에 기대어 밖을 내다보면 세상이 트인다. 보이는 일각문은 여자들이 사랑채를 거치지 않고 출입할 수 있도록 한 여성전용문이다.

서민집 🏛 213

1

2

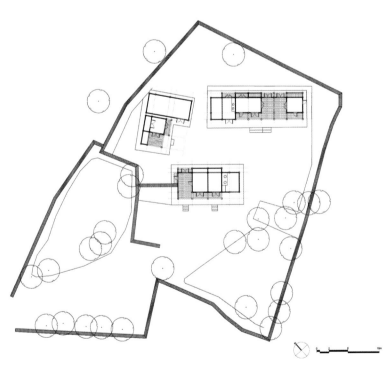

3

1 작은사랑채 방의 벽. 문 세 개의 용도가 다 다르다.
서고, 이불장, 눈꼽재기창이다. 눈꼽재기창은 눈곱만큼 작다고 하여 붙여진 이름의 창이다.
2 앙증맞은 우리판문과 여닫이 도듬문이다. 천장은 종이반자를 했다.
3 작은사랑채는 앞쪽에 난간을 세우고 누마루로 꾸민 마루 1칸과 온돌방 1칸,
창고 등으로 구성되어 있다.

1 방에서 문얼굴 사이로 바라본 툇마루와 협문의 모습.
2 홑처마로 머름형 평난간의 누마루이다.
3 작은사랑채의 누마루로 머름형 평난간 청판에 바람구멍인 풍혈을 내었다.
4 만卍살 모양의 여닫이 쌍창이다.
5 만卍자 모양의 문양이 눈에 들어온다. 불심佛心을 보는 듯하다.
6 판벽 사이로 두 단으로 만든 우리판문의 모습이다.

1 토석담 옆으로 사랑채가 보인다.
2 진사댁으로 들어가는 입구. 보이는 건물이 사랑채다.
3 토석담 위에 감나무가 위용을 자랑하듯 우뚝하다. 돌발적인 풍경이 뜻밖의 기쁨이다.

1 사랑채는 3칸 전면에만 원기둥을 세워 툇마루를 드렸고, 그 뒤로 왼쪽에는 전면이 개방된 대청마루 1칸, 오른쪽에 온돌방 2칸을 배치하였다.

2 투박한 인방과 문설주로 문얼굴을 만든 눈꼽재기창이다.

3 사랑채 대청마루로 앞에 툇마루를 덧달았다.

4 이불장으로 쓰이는 만살 미서기문과 부엌으로 통하는 여닫이 세살 독창이다. 전통한옥체험을 할 수 있도록 방을 꾸몄다.

5 사랑채. 도배도 새로 하고 깨끗하게 단장을 했다. 여주인의 깔끔함이 돋보인다.

6 미닫이 완자살 영창과 여닫이 만살 쌍창이다. 채광이 좋고 여름에는 생각보다 훨씬 시원하다. 초가지붕은 단열이 좋은 편이다.

7 안채. 동선을 따라 돌이 놓여 있다. 마당 전체에 잔디를 깔아 시원하게 보인다.

3-5. 수원 광주이씨 월곡댁

경기 수원시 장안구 파장동 383

수원 시내에서 전통 민가로는 유일하게 문화재로 지정된 집

수원 시내에서 전통 민가로는 유일하게 문화재로 지정되어 보존되고 있다. 예전에는 '파장동 이병원 가옥'으로 불렸으나 현 소유자 이병원의 모친이 과거 안산군 월곡면 즉, 현재의 안산시 월곡동에서 이곳으로 시집 와 지은 가옥으로, '월곡댁'으로 불린 것을 반영하여 '수원 광주이씨 월곡댁'으로 가옥명칭이 변경되었다.

오래전 가옥 뒤편으로는 광교산이 자리 잡고 앞으로는 실개천이 흐르던 곳이다. 운치 있고 사람 살기 좋은 명당이라고 하던 이곳, 도시 한복판에 이 집만이 전통가옥으로 덩그렇게 섬처럼 남아 있다. 이 집을 보고 있으니 혼자 변하지 않으면 혼자만 변한 것이라는 의미가 새삼스럽다. 산과 물, 집과 사람이 한데 어우러져 아름다운 풍경을 이루던 마을이라는 느낌을 이제 어디에서도 찾을 길 없는 이 일대가 예전에는 광주이씨 집성촌이었다.

월곡댁은 조선 말기에 지어진 살림집이다. 집안으로 들어가는 대문은 한 칸 안쪽으로 들어간 형태다. 전체 건물은 안채, 사랑채, 헛간채, 광 등으로 구성되어 있으며 지붕은 모두 두꺼운 초가지붕으로 꾸며졌다. ㄱ자형의 안채가 남서향으로 놓이고, 그 앞으로 ㄴ자형으로 연결된 사랑채가 오른쪽으로 비켜 앉아 안마당을 감싸고 있어 전체적으로는 튼 ㅁ자형을 이루고 있다. 바깥마당 맞은편에는 5칸 규모의 헛간채가 있고 사랑채는 담장으로 둘러쌓지만, 바깥마당은 사방으로 트였다. 부엌은 마당 쪽으로 반 칸을 더 내밀어 잡았는데 안방과 연결이 쉽도록 반 칸 너비의 툇마루를 두어 매우 기능적으로 처리하였다. 건넌방은 위아래 2칸으로 구성되는데 앞쪽으로 약간 돌출되어 전체적으로 안채의 평면이 ㄷ자형에 가까워졌다. 뒤꼍에는 우물이 있고 우물 뒤쪽 구석에는 단칸의 광채가 있으며 향나무, 감나무, 단풍나무가 심어져 있는데 전부 키가 커서 지붕을 훌쩍 넘어서 있다. 집은 세월과 함께 조금씩 퇴락해 가지만, 나무는 봄이면 늘 새 잎을 다시 틔우기 시작해 멈춤과 성장이 대비되어 보인다.

가옥구조는 대청의 중앙부분은 무고주 오량이고 방 부분은 1고주 5량이며 부엌은 평4량으로 했다. 기둥은 사각기둥이고 도리는 납도리이며 보는 양 측면을 수직으로 반 깎아 낸 달걀모양이다. 추녀는 네모꼴이고 추녀 끝이 썩지 않도록 그 가운데에 암키와를 한 장 얹어 두었다. 평고대 위에는 빗물이 그 끝 사이로 스며들지 않도록 흙을 발라 깔끔하게 마무리했다.

월곡댁은 전체적으로 민가의 법식에 따라 정성껏 지은 집이다. 사랑채는 안채를 일부분 막으며 ㄴ자를 이룬다. 사랑방이 안채와 직각이 되게 배치되고 대문이 부엌을 향하

왼쪽 위_ 집은 모두 초가집으로 지어졌는데 튼 ㅁ자형의 살림채와 바깥마당, 그 앞의 헛간채, 뒤뜰, 광채로 이루어졌다.
왼쪽 아래_ 바깥마당 맞은편에는 5칸 규모의 헛간채가 마련되었는데, 사랑채는 담장으로 둘러쌓지만, 바깥마당은 사방으로 트였다.
오른쪽 위_ 평대문 모습. 안마당이 보인다.
오른쪽 아래_ ㄴ자형으로 연결된 사랑채 사이로 평대문이 설치되어 있다.

게 계획되었다. 마당 앞에는 농가답게 헛간, 외양간, 방아 안배되어 있다. 소를 기르고 농사일을 하면서 마을 사람들과 한 식구처럼 어울려 살아가던 한창때의 그런 정취는 사라졌어도 사람의 온기를 품고서 초가의 고풍스러운 멋을 느끼게 하는 월곡댁의 모습은 여전히 현재진행형이다.

1

2

3

4

5

1 가장 잘 보존되고 아름다운 곳이 화단이다.
2 퇴물림쌓기 한 화단과 담장이 멋스럽다. 꽃은 언제 어디서 만나도 반갑다.
3 근래에 만들었을 시멘트로 만든 장독대이다.
4 측간 모습.
5 뒤꼍에는 우물이 있고 우물 뒤쪽 구석에는 단칸의 광채가 있다.

1 안채 측면으로 쪽마루와 쌍창,
용자살 영창이 보인다.
2 수납을 위한 공간으로 도듬문으로
여닫이 쌍창을 달았다.
3 여닫이 만살의 눈꼽재기창이다.
4 뒤뜰로 오지굴뚝과 까치발이 노출된
벽장을 받고 있다.
5 서민 집답게 문도 작고 방도 작다.
6 오량가 구조로 종보 위에 판대공을 대었다.
7 볏짚으로 엮은 초가지붕.
8 세로살 붙박이창으로 한지를 바르고
밖을 내다볼 수 있게 유리를 끼웠다.

3-6. 까치구멍집 경북 안동시 성곡동 안동민속박물관 내

합각 양쪽에 환기구멍을 낸 모양이 까치둥지와 비슷하다 하여 지은 이름

이름만 들어도 한국적인 정취가 물씬 풍겨온다. 까치는 우리의 민속이나 실생활에서 흔히 만날 수 있는 새로 사람들이 길조로 여기는 새이다. 예로부터 까치가 울면 반가운 손님이 온다고 하여 밭이나 논에서 일하다가도 까치 소리가 나면 행여 손님이 왔나 하고 집으로 달려가 보기도 했다. 이렇게 사람들이 친근하게 여기는 까치의 존재가 사람들이 생활하는 집의 이름에까지 등장하고 있다.

까치구멍집은 집 안의 연기가 나가고 환기가 되도록 지붕의 합각 양쪽에 구멍을 낸 모양이 까치둥지와 비슷하다 하여 붙은 이름이다. 안방·사랑방·부엌·마루·봉당 등이 한 채에 딸려 있고, 앞뒤 양쪽으로 통하는 양통집의 속칭이기도 하다. 또한, 홑집유형과 겹집유형이 있는데 전형적인 것은 겹집유형이라고 할 수 있다.

까치구멍집은 방한을 위해 외부 폐쇄적인 구조를 하고 있다. 한정된 내부공간에서 모든 생활이 이루어지므로 이때 발생하는 연기, 수증기, 악취 등을 외부로 배출하기 위한 환기구멍을 만든 것이다. 작은 공간을 여러 가지 용도로 활용하려는 방안을 찾다 보니 별도의 노력 없이 자연적인 힘으로 해결하는 방법의 하나였다. 특히 겨울에 문을 다 열어놓고 살 수 없는 상황에서는 아주 편리한 구조이다.

까치구멍집은 태백산맥을 중심으로 하여 강원도 남부지역과 안동·영주지역에 분포된 산간벽촌의 서민 집으로 안방에 붙은 정짓간에 외양간이 접하는, 북부지방형 겹집의 영향도 보이는 등 경상북도 최북단의 지리적인 특성을 잘 나타내는 주택이다. 정짓간은 부엌의 용도와 같은 경상도 방언이다. 까치구멍집의 공간구조는 폐쇄적인 형태의 ㅁ자형이며 겹집 안에 봉당·부엌·외양간·대청·안방·사랑방을 겸한 건넌방 등 모든 주거공간을 모아 놓았다. 대문을 닫으면 적의 침입이나 맹수의 공격을 막을 수 있고, 추위를 견딜 수 있으며, 눈이 많이 와서 길이 막혀도 집 안에서 모든 생활을 할 수 있게 된 구조이다.

종래의 까치구멍집에서 생활하던 모습을 보면, 부엌에서는 밥을 짓고 반찬을 만들며, 외양간에서는 소를 기르고 쇠

죽을 쑤고, 방과 마루에서는 밥을 먹고 잠자고, 봉당에는 화덕에 불씨를 피워 두었다. 봉당이란 마루를 깔지 않은 흙바닥으로 된 방으로 토방土房이라고도 한다. 주거에 있어서 온돌이나 마루의 시설이 없이 흙바닥으로 된 내부공간을 가리키는 말이지만, 우리나라는 대청 앞이나 방 앞 기단부분을 봉당이라 부른다. 한국의 서민 집에서는 겹집일 경우 대청 앞쪽으로 봉당을 내고 좌우로는 부엌이나 외양간을 구성하는 평면형식을 사용했다. 저녁에는 봉당에다 관솔불을 피웠는데 관솔로 불을 밝혀 조명용으로 사용한 것은 산간벽촌에서 사용하던 방식이다. 이러한 모든 생활이 집 안에서 전부 이루어지니 자연히 집안의 공기는 오염될 수밖에 없었다. 다시 말해 이렇게 오염된 공기를 배출시키기 위하여 특별히 만든 것이 까치구멍이었고, 이런 집을 까치구멍집이라 부르게 된 것이다.

봄부터 가을까지 온몸으로 땅과 세상과 부딪히며 고되게 바쁜 삶을 살아도 가난한 살림살이를 면치 못하는 것이 서민들 대부분의 삶이었다. 그럼에도, 추운 겨울을 견디고 어떻게든 살아남아 봄을 기다리곤 했었다. 봄이 오는 뜰 앞 감나무 가지에 앉아 자지러지게 목청 돋우는 저 까치 소리가 반갑듯이 서민들의 질긴 생명력과 맞닿아 있는 까치구멍집이 정겹게 느껴진다.

위_ 까치구멍집은 안방·사랑방·부엌·마루·봉당 등이 한 채에 딸려 있고, 앞뒤 양쪽으로 통하는 양통집의 속칭이다.
아래_ 초가지붕을 한 사주문과 3칸 겹집의 측면이 보인다.

위_ 까치구멍집은 지붕의 합각 양쪽에 공기의 유통을 위해 구멍을 낸 모양이 까치둥지와 비슷하다 하여 붙은 이름이다.
아래_ 봉당이란 마루를 깔지 않은 흙바닥으로 된 방으로 토방土房이라고도 한다. 주거에 있어서 온돌이나 마루의 시설이 없이 흙바닥으로 된 내부공간이다.

1

2

3

1 겹집의 형태에서 볼 수 있는 봉당이다.
2 방의 모습으로 문얼굴 사이로 마루가 보인다.
3 방에서 바라본 모습으로 한옥의 구조는
창문 속에 창문이 있고, 그 속에 또 밖의 풍경이 보이는
중첩이 이루어 진다.

1 밖에서 바라본 대청마루

2 천장 모습으로 노출된 서까래를 새끼로 묶어 고정했다.

3 지붕과 지붕 사이에 난 사주문을 멋지게 삼단으로 이었다. 담장과 문도 어울리지만, 지붕들의 곡선이 더없이 충만하다.

4 판벽 사이로 문얼굴을 통해 함실아궁이가 보인다. 건축 부재를 밖으로 돌출시킨 것이 이채롭다.

5 토석담에 모임지붕의 측간을 붙여서 지었다.

6 규모가 작은 재래식 주택에서 가정용 창고와 같은 기능을 하는 고방庫房에 널판문이 설치되어 있다.

4

궁궐정자

한국문화의 특성을 잘 나타내는 세계적 정원인 궁에 지어진 정자들

창덕궁 뒤쪽에는 13만여 평에 이르는 거대한 규모의 왕실 후원이 조성되어 있다. 비원秘苑이라고도 불리는 창덕궁 후원은 일반 백성은 절대 출입할 수 없는 조선 왕실의 금원禁苑으로 서울을 중심으로 한 조선의 지리·제도·인문 사항을 기록한 인문지리서인 『동국여지비고東國興地備考』에는 상림上林이라 표기되어 있다. 태종 때에 이 궁인 창덕궁이 창건되었는데 이와 거의 비슷한 시기에 후원도 조성된다. 이후로 점차 후원을 넓혀 나가고 후원 내에 여러 건물이 들어서면서 창덕궁의 후원은 궁궐 후원으로서의 모습을 갖추게 된다. 특히 경복궁에서 창덕궁으로 거처를 옮긴 세조 때에 궁의 담장을 넓히고 새로운 연지가 만들어졌다. 그러나 임진왜란을 겪으면서 후원은 한때 황폐함을 면치 못하다가 광해군 때에 들어와 다시 옛 모습을 찾게 되었고, 인조 때에 새로이 옥류천을 파고 주변에 정자를 많이 만들었다. 이때서야 비로소 조선왕조의 가장 규모가 크면서도 풍치가 가장 돋보이는 궁원으로서의 모습이 갖추어지게 되었다.

창덕궁 후원의 조성형태를 보면 건물의 배치기법이나 자연과의 조화를 이루어내는 한국 건축의 특성을 알 수 있다. 창덕궁 후원 중에서도 가장 빛나는 곳이 부용지와 부속건물의 배치다. 부용지 일곽에 있는 모든 건물은 정원 일부이고, 정원은 자연과 인공이 화합하는 공간임을 보게 된다. 건물과 정원이, 구릉과 숲이 따로 있지 않고 모두가 하나로 만나 조화를 이룬다. 독립적으로 당당하게 서 있으면서도 하나하나가 전체로 통일되는 모습을 보이는 그곳이 바로 부용지고 후원의 일관된 모습이다. 이것이야말로 바로 우리 건축문화의 참모습이라 할 수 있다.

부용지 서쪽 물가에 사정기비각, 남쪽으로는 두 개의 초석을 물에 담그고 서 있는 부용정이 있고, 부용정 건너 북쪽 산등성이 마루턱 넓은 터에는 2층 다락집인 주합루가 우뚝 서서 남향하고 있다. 그 앞 경사지에는 꽃을 심은 여러 단의 화계가 조성되어 있다. 연못에서 오르는 첫 단에 주합루의 정문인 어수문魚水門이 있는데, 이 문을 지나 사방으로 난간을 두른 주합루 다락에 서면 부용정과 연못은 물론, 주위 경관이 모두 한눈에 조망된다. 정조는 즉위하던 해에 주합루가 완성되자 실학을 연구하는 유능한 신하들을 위하여 주합루 아래층을 규장각이라 하여 수만 권의 책을 보관, 편찬하는 왕실도서관으로 꾸몄다. 문화의 향기가 퍼져 나가기 시작한 곳이다. 주합루는 우주의 모든 이치가 만

왼쪽_태극정, 청의정의 모습.
오른쪽1 상량정. 창덕궁 낙선재 후원 언덕에 우뚝 서 있는 육각형 누각이다.
오른쪽2 취한정. 창덕궁 후원의 옥류천 어귀에 있다. 임금이 옥류천의 어정御井에서 약수를 마시고 돌아갈 때 잠시 쉴 수 있게 해 놓은 소박한 장방형 정자이다.

나 한자리에 모이는 곳으로서, 정조는 이곳 주합루 주변을 아름답게 가꾸고 부용지 동편에 있는 영화당에서 과거로 취재取才해 등용한 국가의 동량들을 부용정에서 축하해 주고, 규장각에서 수만 권의 서책을 읽게 하여 그들의 능력을 함양케 하였다.

후원의 제2영역은 애련정 일대로서 ㄷ자 모양의 불로문을 통하여 드나들게 되어 있다. 불로문은 왕의 무병장수를 기원하는 뜻에서 세워진 돌문으로 이 문을 지나가는 사람은 무병장수한다고 전해진다. 애련정 서쪽으로는 왕과 왕비가 사대부 생활을 체험하도록 하기 위해 효명세자가 1828년에 사대부 집 형식으로 지었다는 연경당이 있다. 제3영역에는 부채꼴 모양의 특이한 평면 형태를 지닌 관람정과 중층 건물같이 보이는 존덕정이 연못을 끼고 서 있다. 그리고 제4영역은 가장 깊숙한 곳에 자리 잡은 옥류천 부근으로 소요정, 취한정, 청의정, 태극정, 농산정 등 5개의 정자가 배치되어 있다. 이 중에서 청의정은 유일한 초가 정자로 그 앞에 작은 논을 조성하여 여기에 벼를 심어 수확하고 나서 나온 볏짚으로 청의정의 지붕을 이었는데, 이는 백성에게 농사의 소중함을 일깨워주기 위해서였다고 한다.

태종 때부터 조성되기 시작한 창덕궁 후원은 태종 6년, 1406년에는 광연루를, 창덕궁 동북쪽에 해온정을 지었다는 기록이 있다. 세조는 1459년 9월 창덕궁으로 이어移御하면서 후원에 못을 파게 하였고, 그 후 본격적으로 후원을 조성하였다. 후원에 세워진 많은 정자가 오늘날과 같은 모습을 갖추게 된 것은 인조 때이다. 인조는 1636년에 지금의 소요정인 탄서정, 태극정인 운영정, 청의정 등을 세우고 청의정 앞쪽 암반에 샘을 파고 물길을 돌려 폭포를 만들었다. 옥류천이라는 인조의 친필을 받아 바위에 새겨 놓았고 숙종의 시가 적혀 있다. 그 후에도 낙민정, 취규정, 심추정, 취미정, 취향정, 팔각정, 취승정, 관풍각 등이 세워졌다. 숙종은 주로 영화당 주변과 애련정 및 그 주변을 조성하였다. 숙종 14년, 1688년에는 청심정이 만들어졌고, 그 후 능허정, 희우정, 영암정 등이 조성되었다. 순조 때 건물로는 의두각, 기오헌, 연경당, 농수정이 있다. 조선 말, 일제 초의 건물로는 승재정과 관람정이 있다. 또한, 이 외에도 광화문에서 직선으로 뻗어가는 중심축의 끝자락에 있는 정궁인 경복궁의 중심에 자리 잡은 정자인 향원정이 있다.

창덕궁과 후원은 인공물인 건축물을 자연과의 조화라는 토대 위에 지었다. 특히 창덕궁 후원은 자연과의 친화력이 뛰어난 한국문화의 특성을 잘 나타내는 세계적인 정원으로 인정되어 1997년 유네스코 세계문화유산으로 등록되었다.

관람정. 반도지에 있는 정자.

1 영화당. 창덕궁의 건물로
숙종 18년에 재건되었다. 영조가 친필로 기록한
현판이 걸려 있으며, 건물 앞쪽에는 춘당대라는
마당이 있는데 조선시대 과거 시험장으로
사용되기도 했다.
2 경복궁 경회루. 정면 7칸, 측면 5칸의
팔작지붕으로 바깥쪽에는 사각기둥을, 안쪽에는
원기둥을 세워 만든 우리나라에서 단일 평면으로는
규모가 가장 큰 2층의 누이다. 1층 바닥에는
네모난 벽돌을 깔고 2층 바닥은 마루를 깔았는데,
마루높이를 달리하여 지위에 따라 앉는
자리를 달리했다.
3 옥류천. 창덕궁 후원 북쪽의
깊은 골짜기에 있으며 인조 14년, 1636년에
조성하였다. 북악산 줄기에서 흐르는 물과 인조가
팠다고 알려진 어정御井으로부터 계류가 흐른다.
4 창경궁 함인정. 과거급제자에게 연회를
베풀던 곳이었다. 영조 때는 이곳에서 과거에
장원급제한 사람에게 어사화가 꽂힌 모자를 씌워주고
백마를 내리는 의식을 했다고 한다.
5 경복궁 경회루. 잘 다듬은 긴 돌로 둑을 쌓아
네모난 섬을 만들었고 연못에서 파낸
흙으로는 왕비의 침전 뒤편에 아미산이라는
동산을 만들었다.
6 창덕궁 연경당 농수정.
정면 1칸, 측면 1칸의 익공계 사모지붕 집이다.

4-1. 부용정 芙蓉亭 | 서울 종로구 와룡동 창덕궁 후원 내

한국의 건축미학은 자연을 나누어 가지면서도 공유하는 주고받음의 미학이다

한국의 건축물은 자연을 거슬러서 홀로 우뚝하거나 반대로 자연에 눌려서 건축물이 묻혀버리는 곳에 자리를 잡지 않는다. 서로 풍경을 주고받는 곳에 자리 잡아 건축물도 그대로 자연 일부가 되어 상생의 풍경을 도모하는 절묘한 조화를 만들어낸다.

어머니의 품속처럼 안온한 창덕궁 후원에 인공연못인 부용지芙蓉池가 있다. 장방형의 연못인 부용지를 둘러싸고 북쪽에는 주합루, 동쪽에 영화당, 남쪽에 부용정이 각각 세워져 있다. 연못에 어리는 건물들의 그림자가 수련과 어울려 멋진 정취를 자아내는 부용지의 서쪽에는 계곡물이 흘러드는 용머리 모양의 수문이 있고, 장대석으로 쌓아 올린 연못 남쪽 모서리에는 물고기 한 마리가 조각되어 있다. 역류하듯 물을 박차고 오르는 물고기의 역동적인 모습이 돋을새김 되어 있는데, 이 물고기가 상징하는 바는 크게 두 가지로 해석된다. 하나는 '잉어가 폭포를 거슬러 올라가 용이 된다.'라는 등용문 설화의 상징이다. 다른 하나는 '물고기는 물을 떠나 살 수 없다.'라는 물고기와 물의 관계로 비유되는 군신관계를 상징한다.

부용지는 남북 길이 29.4m, 동서 길이 34.5m인 네모꼴의 큰 연못이다. 창덕궁과 창경궁을 조감도식으로 그린 조선 후기의 궁궐 그림인 동궐도를 보면 부용지 못 속에 초정을 실은 용두선과 낚싯배 같은 작은 배 한 척이 떠 있는데, 옛날에는 이곳에 배를 띄워 놀았음을 알 수 있다. 부용지의 물은 땅에서 솟아오른다. 원래 부용지에는 우물이 있었다고 한다. 세조 때 이곳에서 4개의 우물을 찾았는데 이를 마니, 파리, 유리, 옥정이라 이름 지었다는 기록이 있다. 숙종 16년(1,690년)에 네 우물을 정비하여 이를 기념하는 비를 세우고 사정기비각四井記碑閣을 건립했다고 한다.

창덕궁은 후원과 만나서 비로소 살아있는 궁이 되었다. 창덕궁은 사람들의 공간이고, 후원은 자연의 공간이다. 건물로 가득 찬 창덕궁 후원의 좁은 길을 따라 들어오면 갑자기 시야가 열리는 트인 공간을 만난다. 그곳에 부용지가 있고, 그 부용지에 연꽃 한 송이처럼 피어난 건물이 바로 부용정이다.

부용정芙蓉亭은 조선 숙종 33년(1707)에 건립되었다. 당시의 이름은 택수재澤水齋였으나, 정조 16년(1792)에 현재의 부용정으로 이름을 바꾸었다고 한다.

부용정은 정면 3칸, 측면 4칸으로 십十자형의 평면을 기본으로 하여 이익공 형식의 겹처마이며, 합각을 형성한 팔작지붕이다. 부용정은 작지만, 기능면이나 모양에서 뛰어나다. 평면이 아亞자형이고, 거기에다 정丁자형의 건물을 합한 것 같은 다각형으로 변화를 주어 그 구성이 복잡해 보인다. 안에서 문을 들어 올리면 온 천지가 한꺼번에 정자 안으로 달려든다. 마치 물 위에 떠 있는 듯한 느낌을 받는다. 밖을 내다보면 수면에 그림자를 드리우는 산, 나무, 누각, 정자 등이 한 폭의 그림이다.

부용정과 부용지 일대는 한국의 전통 정원 가운데 풍경이 매우 뛰어난 곳으로, 18세기 이후에 지어진 궁궐 후원의 진정한 기쁨이다. 부용지에서는 건물 하나하나가 스스로 아름답고 스스로 어울린다. 독자적으로 아름다우면서도 함께하는 공존으로도 또한 어울리는 특별한 곳이 이곳 부용지와 부용정 풍경이다.

왼쪽_ 연못 안에 팔각 장주초석를 세운 다음. 그 위에 정면 5칸, 측면 4칸, 배면 3칸으로 지은 누각이다. 연못 쪽의 쪽마루에는 계자난간을 둘렀고, 반대편에는 평난간을 둘렀다. 정자 안에는 네 개의 방을 배치했다.
오른쪽_ 영화당 문얼굴을 통해 바라본 부용지 안의 부용정이다.

위_ 부용정은 십+자형의 평면으로 정자의 원래 이름은 택수재였으나 정조 16년에 현재의 이름인 부용정으로 바꾸었다.
아래_ 평난간, 원기둥, 이익공식 공포, 겹처마의 구성이 품위가 있다.

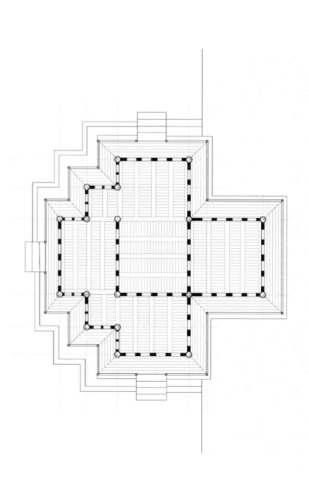

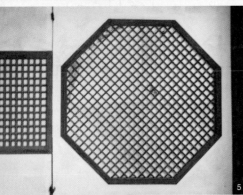

1 부용정 오른쪽으로 어수문과 주합루·규장각이 보인다.
2 건물의 반을 연못 안으로 들어서게 지어 마치 연못 속에 들어와 앉은 느낌이 든다.
3 부용정 내부. 대청마루를 우물마루로 했다.
4 부용정 내부에서 주합루를 바라본 모습.
5 불발기창으로 팔각형과 사각형의 창호가 멋스럽다.
6 우물천장에 단청을 넣었다.
7 굿기단청한 처마의 변화가 다채롭다.
8 궁궐 건축답게 막새기와의 모양이나 목기연의 매화점, 지네철, 방환 등이 장식적이다.

4-2. 애련정 <small>愛蓮亭 | 서울 종로구 와룡동 창덕궁 후원 내</small>

애련정은 풍류도 담고, 쓸쓸한 역사도 끌어안고 있다.

'연꽃이 피는 연못'이라는 뜻인 애련지愛蓮池는 창덕궁 불로문을 지나 왼쪽에 자리하고 있다. 애련지는 부용지와 달리 가운데 섬이 없는 방지方池다. 방方은 땅을 말하는 것으로 동양에서는 사각형으로 표현된다.

애련지 북쪽에 서 있는 애련정愛蓮亭은 작지만, 매우 간결하고 격식 있게 지어졌다. 애련정은 숙종 18년인 1692년에 애련지의 물가에 지은 것으로 정면 1칸, 측면 1칸의 이익공의 사모지붕 양식을 띠고 있다. 일반 건물보다 추녀가 길며 추녀 끝에는 잉어 모양의 토수가 있다. 물의 기운으로 불기운을 막는다는 음양오행설에 기초한 것이다. 정자 사방으로 평난간을 둘렀는데, 낙양창 사이로 사계절이 드나들어 자연이 변하는 모습을 감상할 수 있다. 애련정의 난간 마루에 걸터앉아 이 낙양창을 액자 삼아 애련지와 창덕궁 후원을 바라보면, 마치 화려한 낙양창에 담긴 한 폭의 아름다운 풍경화를 보는 듯하다.

애련지는 서쪽 연경당에서 물을 끌어오는 입수구가 일품이다. 넓은 판돌을 우묵하게 만들어 낙숫물을 떨어뜨리게끔 하여 마치 작은 폭포를 연상케 해 그 정취를 한껏 더한다. 애련정과 관련해서는 숙종의 「어제기」와 정조가 지은 「애련정시愛蓮亭詩」가 전하고 있다.

마침내 국정에는 뜻을 잃고 무기력한 임금이 되고 만다. 그런 순조는 자신의 명민한 큰아들인 효명세자에게 기대를 걸고 1827년에 효명세자에게 대리청정을 일임하고서 국정에서 물러난다. 순조 자신이 뒤에서 돌봐주면서 효명세자와 함께 아버지 정조대왕의 강력했던 왕권을 회복하려 하였다.

세상을 읽는 지혜와 노력이 남달랐던 효명세자는 어린 시절부터 세도정치에서 벗어나 독자적인 왕권을 세우는 것을 목표로 삼고 이를 국정에 반영하고자 했다. 애련지 남쪽에 직접 짓고서 공부와 사색에 몰두하던 곳인 기오헌은 효명세자의 이런 의지가 고스란히 담긴 장소라 할 수 있다. 대리청정을 시작하자마자 과감한 정책으로 왕권강화를 위한 정치 개편을 추진해 나가던 효명세자는 대리청정 3년 만에 독살로 추정되는 사인으로 죽고 만다. 큰 기대를 걸었던 세자의 급작스런 죽음까지 맞게 된 순조는 의욕을 잃고 기오헌 맞은편의 연경당에서 쓸쓸한 말년을 보내게 되는데, 이때 순조는 왕의 복장이 아닌 사대부의 복장을 하고 지냈다고 한다. 애련지와 그 주위에서 일어난 쓸쓸하고도 애잔한 역사의 한 장이다.

> 비 맞은 연잎 위에 진주알 흩어지고 활짝 핀
> 연꽃은 단장한 봄인데

개혁을 꿈꾸고 실천하려 했던 정조의 꿈이 다 이루어지지 못하고 좌절되었듯이 이 시가 주는 여운도 진한 아쉬움을 남긴다.

애련지 주변에는 순조 대의 슬픈 역사가 깃들어 전한다. 정조의 뒤를 이어 11세의 어린 나이로 왕위에 오른 순조는 영조의 비 정순왕후의 수렴청정을 거쳐 14세 때부터 직접 국사를 돌보기 시작했다. 김조순 등의 세도가들에게 번번이 자신의 뜻이 좌절되면서 세도정치가 자리 잡게 되자

왼쪽_ 낙양창을 액자 삼아 애련지와 창덕궁 후원을 바라보면, 마치 화려한 한 폭의 아름다운 풍경화를 보는 듯하다.
오른쪽_ '연꽃이 피는 연못'이라는 뜻의 애련지에 두 개의 장주초석을 물에 담그고 애련정이 서 있다. 애련지는 창덕궁 불로문을 지나 왼쪽에 자리하고 있다.

애련정은 숙종 대인 1692년 조선건국 300주년이 되는 해에 지은 정자다. 정면 1칸, 측면 1칸 이익공의 사모지붕이다.

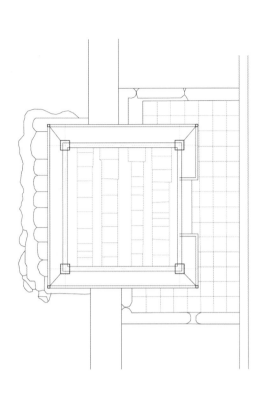

위_ 건물을 받치는 네 기둥 가운데 두 기둥은 연못 속에 잠겨 있는 장주초석 위에 세우고 사방으로 평난간을 둘렀다.
아래_ 입수구가 독특한데 넓은 판석을 오목하게 만들어 물을 떨어뜨리게끔 하였다. 마치 작은 폭포를 연상케 해 그 정취를 한껏 더한다.

4-3. 관람정

觀纜亭 | 서울 종로구 와룡동 창덕궁 후원 내

우리나라에서 하나밖에 없는 부채꼴 모양의 지붕을 올린 정자이다

반도지半島池에 반도를 닮은 어떤 것도 없다. 한반도처럼 생겼다 하여 반도지라 불렸다가 지금은 관람지觀纜池로 명칭이 바뀌었는데, 사실 지금의 모습에서 반도지라는 그 이름을 떠올리기에는 어쩐지 궁색한 면이 있다. 1908년 무렵 제작된 〈동궐도형〉에 묘사된 연못은 호리병 모양이었으나 고종 때 일제가 연못의 형태를 의도적으로 고쳤다고 한다. 함경도 지역을 남쪽에, 경상도와 전라도 지역을 북쪽에 배치하여 한반도의 지형을 뒤집어 놓았다고 알려지면서 명칭을 바꾸게 되었다.

반도지 주위에는 4개의 정자가 있고, 그 중 하나가 관람정觀纜亭이다. 우선 눈에 띄는 관람정의 특징은 외형이다. 지붕모양이 사대부들이 갖고 다니며 즐겨 사용하던 폈다 접었다 하는 부채인 합죽선 모양이다. 지붕은 우진각지붕으로 용마루와 추녀마루를 만들고 용마루 양끝에는 용두로 치장하였다. 앞뒤 모양은 부채 모양이고, 옆에서 본 모양은 삼각형 형태의 우진각지붕 모양을 한 우리나라에서 유일한 부채 모양의 정자이다.

관람정을 처음 보는 사람은 여태껏 한 번도 보지 못한 지붕모양에 당황하기도 한다. 언뜻 보기에 우리나라 정자 같지가 않고 다른 나라 것을 본떠서 지은 것 같다. 과거의 것만을 고집하는 것이 전통의 본질은 아니지만 생뚱맞다는 느낌을 떨칠 수가 없다. 창덕궁 후원의 정자가 여러 개다 보니 다양한 모양을 찾게 되었고, 합죽선이 우리나라 사람들에게 널리 알려진 부채이니 그 모양을 도입했으리라 추정해 본다.

관람정은 목조가구식 구조의 원형인 민도리집의 하나인 굴도리집으로 되어 있다. 여기서 '도리'란 한옥을 지을 때 서까래를 받치기 위해 기둥 위에 건너지르는 나무를 말하는 것으로, 민도리집은 서까래를 받는 처마도리의 단면이 네모난 납도리집과 둥근 모양의 굴도리로 지은 굴도리집으로 나뉜다. 목조건축물 재료의 단면이 둥근 모양인 것

은 네모모양보다 큰 나무를 다루어야 하고 다루기도 어려워서 굴도리집이 납도리집보다 품격이 높다고 평가된다. 향교, 서원, 정자 등의 건축에 주로 굴도리집 형태가 사용되었는데 관람정도 마찬가지다.

관람정은 건물 일부가 물 위에 떠 있는 형상으로, 6개의 원주를 세우고 원주마다 주련柱聯을 달았으며 평난간을 돌렸다. 처마는 홑처마이고 지붕은 추녀마루 6개가 각각 3개씩 모였으며 그 사이에 용마루를 설치하는 양식을 취하였다. 건축적인 수법보다 공예적인 수법을 많이 구사한 정자이다.

관람정의 현판은 보통 현판들과는 달리 장인의 솜씨로 빚어놓은 공예품 같은 파초 잎 모양을 하고 있다. 어디에서도 보기 어려운 부채꼴 모양의 지붕처럼 현판도 창의적이다. 관람정의 '관람觀纜'은 볼 관觀자에 닻줄 람纜으로 닻줄을 바라본다는 의미인데, 즉 주변경치를 보는 관람이 아니라 뱃놀이를 구경한다는 뜻으로 여겨진다. 이 조그만 연못에서도 뱃놀이했는가 싶어지는 것이 어느 곳에서든 풍류를 잊지 않았던 우리 선조의 기질을 여실히 드러내어 보여주는 듯하다.

위_ 창덕궁 후원의 관람지에 있는 관람정은 한국에서 유일한 부채모양의 정자이다.
아래_ 관람지 건너편 승재정에서 바라본 관람정 모습이다.

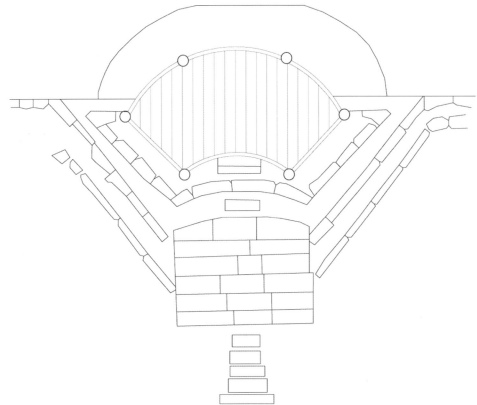

1 선형 기와지붕을 한 굴도리집으로, 건물 일부가 물 위에 떠 있는 형상이다.
2 선형의 처마선이 곱다. 우리나라에 하나만 있는 부채모양 지붕이다.
3 지붕모양을 부챗살 모양으로 해서 천장구조도 복잡하다.
바깥 지붕선이 선형으로 특이한 정자이다.
4 관람정 편액. 품위와 격조가 있는 궁궐건축에서 파초 잎 모양의 현판이다.
5 정자 주변에 물이 흘러가는 길을 만들고 물길에 장대석 돌을 놓아
건널 수 있게 했다.
6 6개의 원주圓柱를 세우고 원주마다 주련柱聯을 달았으며 평난간을 두른
선형扇形의 장마루이다.
7 육각형 돌기둥을 초석삼았다.
8 정자 안에서 다른 정자를 보고 있으면 풍경이 된다.
난간청판의 풍혈에 문양을 넣고 가칠단청을 했다.

4-4. 존덕정 尊德亭 | 서울 종로구 와룡동 창덕궁 후원 내

파격과 위엄 그리고 정조대왕의 마음이 새겨진 정자이다

위엄과 역사성이 깊은 정자인 존덕정은 조선의 왕 중 가장 비극적인 왕 중의 한 사람인 인조 22년(1644)에 세워졌다. 처음에는 육각형으로 이루어진 정자의 특이한 모습 때문에 '육면정六面亭'이라 불리다가 나중에 '덕성을 높인다.'라는 뜻의 '존덕정尊德亭'이라고 이름을 바꾸었다고 한다.

반월지에 두 다리를 담근 존덕정은 우선 외형에서부터 특이한 모습을 하고 있다. 육각형으로 된 특이한 평면과 기와지붕을 이중으로 올린 모습이 눈에 띄는데, 모서리마다 둥근 원기둥을 세워 천장을 받치고 있다. 이 정자는 특히 천장의 모양이 매우 특이하고 아름다운데, 6각형 안에 4각과 다시 6각이 조화되도록 짜 맞추어 예술성과 과학성이 돋보인다. 연못으로 반 정도 나와 있는 정자의 밑 부분은 석주가 받치고 있고, 정자 밖으로 이중 난간을 설치하여 건물에 안정감을 주었다. 바깥 기둥은 기둥 한 개를 세울 자리에 세 개의 가는 기둥을 무리 지어 세워 운치를 더했다.

존덕정을 보고 어떤 이들은 공자의 가르침을 배운다고도 한다. 두 개의 초석을 연못에 담그고 있어 마치 사람이 발을 씻는 모습을 떠올리게 하지만, 조선 선비들의 피서 방법인 '발을 씻는다.'라는 단순한 '탁족濯足'의 의미가 아니라 『맹자』의 「이루상離婁上」에 나오는 공자의 가르침을 아는 사람이라면 연못에 두 다리를 담근 존덕정을 보면서 '모든 것은 내 탓이다.'라는 공자의 가르침을 다시 한 번 떠올릴 수 있을 것이다.

그리고 존덕정에는 강력한 왕권을 추구했던 정조의 마음이 담긴 '만천명월주인옹자서萬川明月主人翁自序'라는 제목의 글이 목판에 새겨져 걸려 있다. 1798년(정조 22), 정조는 '만천명월주인옹'을 자호自號로 삼고 이를 설명하는 서문을 친히 짓고 나서, 조정의 신하 수십 명으로 하여금 이 내용을 받아쓰게 한 다음 목판에 새겨서 궁궐 여러 곳에 걸어 두게 하였다. 이때의 편액 중 하나가 이곳 존덕정에 걸려 있다.

정조가 만년에 지은 '만천명月主人翁自序'는 정조의 개인 문집인 『홍재전서弘齋全書』에 수록되어 있다. 정조의 정치철학이 담긴 이 글의 의미는 '세상의 모든 시내는 달을 품고 있지만, 하늘에 떠 있는 달은 유일하니 그달은 곧 임금인 나이고 시내는 곧 너희 신하들이다. 따라서 시내가 달을 따르는 것이 우주의 이치'라는 뜻이다. 이것이야말로 개혁하려 했으나 그에 반대하는 세력에 의해 번번이 그 뜻이 좌절되자, 정조 자신의 정치적 지향점을 관철하려는 의지와 자신감의 표현이 아니고 무엇이랴.

존덕정을 보고 공자의 가르침을 떠올릴 수도 있고 정조의 강한 왕권을 느낄 수도 있다. 창덕궁과 창경궁을 묘사한 조선 후기의 그림인 〈동궐도〉를 보면 지금의 연못은 예전에 반달형과 직사각형 연못으로 분리되어 있었음을 알 수 있다. 존덕정의 보개천장에는 황룡과 청룡의 그림과 더불어 화려한 꽃무늬 단청이 칠해져 있어 휘황찬란하다. 왕들의 쉼터이자 정사를 되돌아보는 장소로써 즐기고 아끼던 곳임을 반증하는 예다. 또한, 존덕정은 이중 난간과 꽃살 교창, 낙양각 등의 정교한 장식으로 하여 공예품처럼 아름다운 정자이다.

왼쪽_ 존덕정 남쪽 개울 위에는 돌다리가 세워져 있고, 다리 남쪽에는 일영대를 세워 시간을 측정했다.
오른쪽_ 육각형으로 된 특이한 평면과 기와지붕을 이중으로 올린 눈썹지붕이 눈에 띄는데 모서리마다 둥근 원기둥을 세워 천장을 받치고 있다.

궁궐정자 247

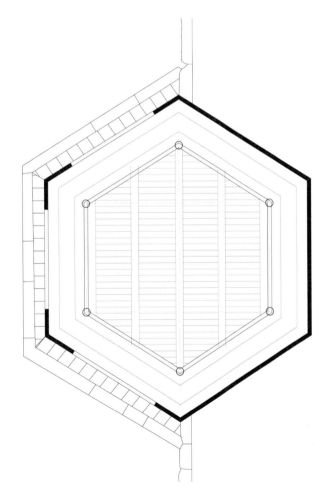

위_ 처음에는 육각형으로 이루어진 정자의 특이한 모습 때문에
'육면정六面亭'이라 불리다가, 나중에 '존덕정'이라 부르게 되었다.
'덕성을 높인다.'라는 뜻이다.
아래_ 지붕 처마가 2층으로 된 눈썹지붕을 하고 있다.

1 존덕정은 보기 드문 6각형 정자로 마루는
우물마루로 하고 정자 밖으로 이중 난간을
설치하여 건물에 안정감을 주었다.
2 지금 존덕정에는 정조의
'만천명월주인옹자서萬千明月主人翁自序'란
유명한 명문 편액이 걸려 있다.
3 존덕정은 천장에 황룡과 청룡이 그려져 있어
휘황찬란하다. 공예품처럼 아름다우며 6각형
안에 4각과 다시 6각이 조화되도록 짜 맞추어
예술성과 과학성이 돋보인다.
4 존덕정의 규모는 9.3평으로 그리 크지 않다.
보개천장寶蓋天障에는 용의 그림이 힘차게
생동하고 있다.
5 사각의 서까래는 모로단청, 초매기는 긋기단청,
연함은 가칠단청, 개판은 가칠단청을 하고
문양을 넣었다.

4-5. 승재정

勝在亭 | 서울 종로구 와룡동 창덕궁 후원 내

창덕궁 후원에서 가장 모범적인 아름다움을 갖춘 정자이다

승재정勝在亭은 모범생 같은 정자다. 어느 한구석 규범을 어긴 곳이 없이 정자의 기법을 잘 받아들여 깔끔하고 정갈한 모습을 한 정자이다. 처마와 추녀선도 일품이고 원기둥도 빈틈없이 잘 다듬어져 있다. 오히려 너무 정돈되고 확실해서 다가가기가 꺼려지기까지 한다. 보탤 곳도 뺄 곳도 없는 완벽함을 추구한 듯한 느낌의 건물로 좌우대칭이 뚜렷하다.

승재정은 관람정의 건너편 연지가 내려다보이는 언덕 위에 있는 정자로 우거진 숲 사이에 있다. 승재정은 연경당 뒤편에 있는 농수정과 꼭 같은 모습으로 매우 격식 있게 지어졌다. 이곳에서 내려다보면 관람정 일대가 모두 한눈에 들어온다. 질투와 암투가 난무하는 좁은 궁궐에서 조금 벗어나 후원에 들면 자연이 바로 곁에 있다. 자연에 들어 맘껏 풍류를 즐긴다고 해서 죄가 되랴. 오히려 쉼과 함께 풍류도 즐기고 새로운 국정의 방향도 잡아가던 왕이 성공한 왕이 아니었을까.

승재정은 장대석으로 쌓은 4각형의 기단 위에 사방 1칸의 건물로 원기둥을 사용했다. 사모지붕이며 지붕 정상에 절병통을 놓았다. 사방으로 쪽마루를 놓고 난간을 설치하였으며 모두 4짝의 문을 달았는데 2짝씩 접어 걸쇠에 매달아 들어 열 수 있도록 하였다. 사모지붕은 네모가 반듯한 정방형 평면의 건물에서 형성되는 지붕이다. 사면의 기왓골이 지붕의 정상부에 모이는 구조인데, 작은 집에서는 절병통節瓶桶으로 그 부근을 정리하고, 탑에서는 상륜을 설치하여 마감한다. 승재정 역시 절병통으로 마무리했다. 사모·육모·팔모 정자의 지붕마루 가운데에 세우는 항아리 모양의 장식기와로, 항아리 여러 개를 이어붙인 모양 때문에 절병통이라고 한다. 암키와와 수키와를 겹쳐서 2단으로 연꽃 모양의 대를 쌓고 절병통을 올린다.

규범에 잘 맞춰진 아亞자 모양의 평난간을 두른 승재정이 자리 잡은 곳은 반월지 주변에서 가장 아름다운 장소이다. 관람지 남쪽 언덕 위에 있는 승재정은 그늘이 깊게 드리워진 높은 곳에 있으므로 어느 곳보다 여름에는 바람 시

원했을 것이다. 승재勝在란 경승이 있다는 뜻인데, 경승은 아름다운 경치를 말한다. 곧 승재정은 아름다운 경치가 있는 곳에 자리한 정자라는 뜻이 있다. 관람정은 간소한 건축인 데 비해, 승재정은 격식을 갖추어서 지은 정자이다. 지형적으로 높은 곳에 있어 승재정에서 내려다보면 관람정이 보인다. 서로 주고받는 공간 활용이 잘되어 있어 서로에게 경치가 된다. 두 건물을 함께 보아도 한 폭의 그림이 되고, 정자 안에 들어가 상대편 정자를 바라보아도 한 폭의 그림이 된다. 한국 전통건축과 조경의 아름다움이 잘 갖추어진 곳이다.

창덕궁은 조선시대의 전통건축으로 자연경관을 배경으로 하여 건축과 조경이 고도의 조화를 이루며, 후원은 동양 조경의 정수를 감상할 수 있는 세계적인 조형의 한 특징적인 단면을 보여준다. 후원의 정자 중에서 가장 늦게 지어진 것이 승재정과 관람정으로 조선조 말에 지어진 것으로 추정된다.

창덕궁 후원을 돌아보면 자연지형을 크게 변형시키지 않고 생긴 그대로의 산세에 의지하여 인위적인 건물을 숲 속에 배치한 자연과 인간의 조화로운 만남이 각별하게 느껴진다. 후원은 수령 300년이 넘는 거목과 연못이 있어 더욱 풍요롭고 다채롭다. 곳곳에 정자가 있어 더욱 모양을 갖춘 조원造園 시설이 건축사와 조경사에 빛나는 작품으로 귀중한 가치가 있다는 사실을 실감하게 될 것이다.

왼쪽_ 장대석으로 쌓은 4각형의 기단 위에 사방 1칸의 건물로 원기둥을 사용했다. 사모지붕이며 지붕 정상에 절병통을 얹었다.
오른쪽_ 두벌대의 장대석기단 위에 정면 1칸, 측면 1칸의 익공식의 겹처마이다. 사면으로 쪽마루를 깔았으며 네 짝의 들어걸개 분합문을 달았다.

궁궐정자 251

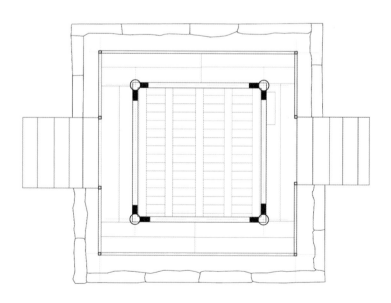

위_ 관람지 남쪽 언덕 위에 자리 잡은 승재정.
승재정이 관람지 주변에서 가장 아름다운 장소로 조망이 뛰어나다.
아래_ 승재정勝在亭. 승재勝在란 경승이 있다는 뜻인데 경승은
아름다운 경치를 말한다. 곧 승재정이란 아름다운 경치가 있는
곳에 자리한 정자라는 뜻이 있다.

1 네 짝의 문을 달았는데 2짝씩 접어 걸쇠에 매달아 들어 걸 수 있도록 들어걸개문으로 했다. 네 짝의 문짝 중 중앙의 두 짝은 문으로 하고 양쪽의 문짝은 머름이 있는 창으로 했다.
2 머름형 위에 아亞자형과 머름형 평난간을 이단으로 구성했다.
3 장대석으로 기단과 계단을 만들었다.
4 추녀와 사래의 모습으로 모로단청을 했다.
5 사다리형초석 위에 동바리기둥을 세웠다.

4-6. 펌우사 砭愚榭 | 서울 종로구 와룡동 창덕궁 후원 내

임금의 걸음걸이를 연습할 수 있는 박석이 있는 곳

창덕궁 후원에 있는 펌우사는 맞배지붕에 홑처마를 한 초익공 형식의 작고 아담한 정자이다. 맞배지붕 측면이 비바람에 취약한 결점을 보완한 풍판風板을 달았다. 관람지 주변의 다른 정자와는 달리 3칸 중 2칸은 온돌방, 1칸은 마루로 구성하고 정면과 측면은 창호 없이 개방하고 평난간을 둘렀으며, 전면에는 장마루인 쪽마루를 달아 드나들기 편하도록 설치하였다. 조선 후기에 제작된 「동궐도東闕圖」에 그려져 있는 것으로 보아 적어도 1827년 이전에 건립되었음을 알 수 있다. 동궐도에는 ㄱ자형의 모양으로 그려졌으나 현재는 一자형의 모양으로 변형되었다.

온돌방이 놓인 펌우사는 왕세자가 공부하고 심신을 수련하던 곳으로 사계절 모두 사용할 수 있는 곳이다. 더없이 놀기 좋고 쉬기 좋은 온전한 거처가 깊고 은밀한 곳에 마련되어 있는 것이다. 모르긴 몰라도 연산군 같은 성정의 왕세자였다면 방탕한 놀이공간이었을 테고, 정조 같은 성품의 왕세자였다면 책을 읽거나 휴식하는 장소로 사용했을 것이라 짐작해 본다. 실제로 순조의 아들이며 훗날 익종翼宗으로 추존된 효명세자가 자주 찾아 책을 읽던 곳이라 한다. 같은 공간이라도 사람의 인품과 욕망의 방향에 따라 그 이용가치가 달라진다고 할 수 있을 것이다.

'펌우砭愚'는 중국 북송北宋의 성리학자였던 장재張載가 학문을 강의할 때 양쪽 창 위에 각기 써 붙였던 격언 중의 하나로 '어리석음을 경계한다.'라는 뜻이다. 즉, '펌우사砭愚榭'란 '자신을 되돌아보고 어리석음에 돌침을 놓는 정자'라고 풀이할 수 있다. 한문은 뜻을 담을 수는 있지만, 구체적인 하나의 뜻으로 전달되지 못하는 약점이 있다. 말을 그대로 옮기는 것이 아니라 뜻으로 담으니 한계가 있다. 이로 미루어 '펌우사'라 이름 지은 사유는 절대지존인 왕이 스스로 자신의 어리석음을 통렬히 깨달아야 한다는 점을 강조한 것이다. 임금에게 잘못을 고치도록 직언하는 사헌부 관리들과 다른 신하들의 조언과 비판이 있었지만, 왕 스스로 자신의 중심이 서 있지 않으면 모두 허사가 된다. 왕조시대에서는 통치자인 왕의 일거수일투족이 모두 백성의 행복과 불행, 나라의 안위와 직결되기 때문이다. 왕은 항상 스스로 경계하고 어리석음을 깨우쳐 슬기로운 국정을 펼쳐나가야 하는 법이다. 그래서 왕이 자신을 되돌아보면서 사색할 수 있도록 범접하기 어려운 군왕만의 쉼터에 펌우사를 세운 것이다.

궁궐 안에서 백관의 출입이 금지된 곳, 임금의 휴식과 사색을 위한 공간이 후원이다. 후원은 궁궐 장소 중에서도 가장 은밀한 곳이다. 그중에서도 더욱 은밀한 곳이 펌우사다. 주합루와 규장각 같은 곳이 그래도 열린 공간이었다면 더욱더 깊은 후원의 숲과 연못가에 세워진 펌우사는 구중궁궐 중에서도 가장 깊은 곳에 자리 잡은 닫힌 공간이라 할 수 있다. 지금도 펌우사는 멀리서 보면 숲에 가려져 있어 잘 보이지 않는다. 풍류를 즐기며 시간을 보내기에는 더없이 좋은 장소다.

존덕정에서 펌우사로 가는 길에는 재미있는 박석薄石이 깔렸다. 이 박석이 양반들의 팔자걸음에 맞게 깔린 것이 흥미로워 보인다. 이 돌을 따라 걸으면 자연스럽게 팔자걸음을 할 수밖에 없는데, 세자가 걸음걸이를 연습하던 돌이라 전한다. 펌우사에 가면 그 길을 따라 걸어보면서 왕의 걸음걸이를 재현해 보는 즐거움을 맛보게 될 것이다.

왼쪽 위_ 조선 후기에 제작된 「동궐도」에 그려져 있는 것으로 보아 적어도 1827년 이전에 건립되었음을 알 수 있고, 정조 때에도 존재했을 것으로 여겨진다.
왼쪽 아래_ 「동궐도」에는 ㄱ자 모양으로 그려져 있으나 현재는 一자형으로 변형되었다.
오른쪽_ 다리를 건너 들어가면 왕세자가 책을 읽고 사색하던 펌우사가 있다.

1 전면에는 폭이 좁은 쪽마루를 달아 드나들기 편하도록 하였다.
2 머름 위에 설치한 여닫이 세살 쌍창이다.
3 폄우사. '폄우砭愚'란 '어리석음을 경계한다.'라는 뜻이다.
4 삼량가 굴도리집으로 대들보 위에 화반대공이 보인다.
5 맞배지붕에 홑처마로 초익공 형식의 집이다.
   맞배지붕 건물로 지붕 양쪽 박공에는 풍판風板을 설치했다.
6 방 2칸, 마루 1칸으로 구성된 정면 3칸, 측면 1칸 규모로 우물마루를 깔았다.
   마루 쪽은 정면과 측면을 개방하고 평난간을 둘렀다.

4-7. 취한정 翠寒亭 | 서울 종로구 와룡동 창덕궁 후원 내

왕의 글씨와 왕의 시가 적혀 있는 곳

창덕궁 후원의 가장 깊은 골짜기에는 옥류천玉流川이 흐르고 있는데, 그 주위로 여러 정자가 자리하고 있다. 취한정은 임금이 옥류천의 어정御井에서 약수를 마시고 돌아갈 때 잠시 쉴 수 있게 해 놓은 정자이다.

취한정이 있는 옥류천玉流川은 창덕궁 후원에서 가장 깊은 계원溪苑으로 1636년에 인조가 이 계원을 조성했다. 계류는 북악산의 동편 줄기의 하나인 응봉의 산록에서 흘러내리는 맑은 물과 어정御井을 파서 천수泉水를 흐르게 하였는데 이것이 옥류천이다. 옥류천 주위에 청의정·소요정·태극정·농산정·취한정을 적절히 배치하고 판석 등으로 간결하게 돌다리를 놓았다. 주위의 숲은 깊어서 자연림이 그대로 자라고 있다.

옥류천에 앉아 흐르는 물에 피어오르는 안개를 보고 있으면 고요한 풍경에 젖어들게 된다. 어정 옆의 자연 암석인 소요암에 U자형 곡수구를 만들고 작은 폭포처럼 물이 떨어지게 하였으며 암벽에는 시문을 새겼다. '옥류천玉流川'이라는 글자는 인조의 어필이며, 그 위에는 숙종이 지은 시가 새겨져 있다. 또한, 「동궐도」에도 한 폭의 산수화 같은 옥류천의 아름다운 모습을 그려 넣으면서 옥류천 바위에 새겨진 숙종의 시를 작은 글씨로 써놓았는데, 이곳의 느낌과 감흥을 기록화 속에서 전달하려 한 화가의 의지와 그 사실성에 감탄을 금치 못할 따름이다.

옥류천 일대에 세워진 여러 정자 가운데 그 첫 번째 만나는 정자가 바로 취한정이다. 취한정의 정확한 건립연대는 알 수 없으나 「궁궐지宮闕志」에 소요정 동쪽에 있었다는 기록과 숙종이 지은 '취한정제영翠寒亭題詠'이라는 시와 이에 감응한 정조의 어제시御製詩가 함께 실려 전해짐을 볼 때, 적어도 1720년 이전에 지어진 것으로 추정해 볼 수 있다. 취한정翠寒亭은 정자 주위의 나무들이 '추위를 무릅쓰고 푸른 자태를 잃지 않는다.'라는 뜻으로 이름을 지었다 전하는데, 숙종이 지은 '취한정제영'의 "빽빽하게 자라나서 온통 정자를 둘러싸고, 눈 덮인 채 추위를 이겨 빛이 더욱 맑도다."라는 시의 내용에서도 그 의미가 잘 드러나 있다.

취한정은 정면 3칸, 측면 1칸의 팔작지붕인 간결한 납도리집으로 홑처마에 단청을 칠했다. 바닥은 우물마루를 깔았고 벽체나 창호는 달지 않았으며 각 기둥에는 주련을 달았다. 「동궐도」에서도 옥류천 주변의 취한정을 볼 수 있는데 규모는 같지만, 지금처럼 3칸이 모두 마루구조로 뚫려 있지 않고 방도 그려져 있으나 지금은 사방이 트였다.

옥류천과 그 주변의 소요정, 태극정, 청의정 등의 정자들이 조성되던 무렵은 병자호란으로 국란을 당한 같은 해에 조성된 것인데, 이를 조성한 사람이 바로 치욕적인 패배와 망신을 당한 인조였다. 1627년에 일어난 정묘호란으로 호되게 당했던 인조는 정신을 차리지 못하고, 9년 후에 또 다시 더 치욕적인 패배와 굴욕을 당하게 되는 것이다. 왕 한 사람 잘못 만난 죄로 당시 잡혀간 사람이 무려 30만에서 50만 명이었다고 한다. 후손들은 정자를 몇 개 얻는 호사를 누리게 되었지만, 그 대가는 너무 가혹했다.

취한정은 정면 3칸, 측면 1칸의 팔작지붕 납도리집이며 홑처마에 단청을 입혔다. 크기는 3.7평으로 작은 건물이다.

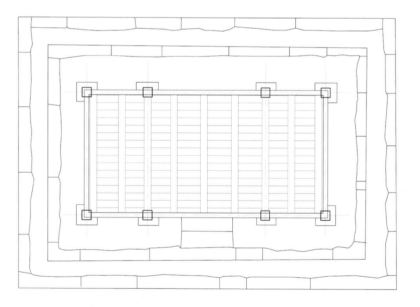

위_ 옥류천 쪽으로 바라본 측면모습이다.
아래_ 바닥은 우물마루를 깔았고 벽체나 창호는 설치하지 않았으며
각 기둥에는 주련을 달았다.

1 곱게 모로단청을 한 서까래와 긋기단청을 한 추녀.
2 정면에서 바라본 서까래가 노출된 연등천장이다.
3 취한정翠寒亭 편액, 취한翠寒'이란 '푸른 소나무들이 추위를 업신여긴다.'라는 뜻이다.
4 충량 위에 걸친 2개의 추녀 사이로 선자서까래의 분할이 빛난다.
5 삼량가로 연등천장의 모습이다.
6 합각을 수키와로 단순하게 처리하였다.

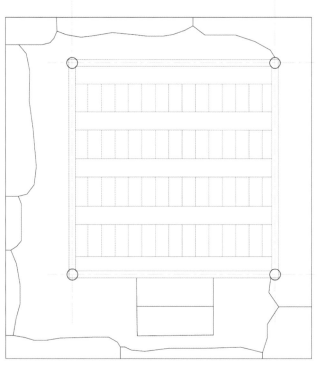

소요정

1 소요정은 정면 1칸, 측면 1칸의 익공식 사모지붕의 정자로 평난간을 둘렀다.
2 소요정. 취한정을 지나 후원 중 가장 깊은 골짜기에 곡류의 물길을 내고 만든
곡수거와 인공폭포를 조영한 옥류천 옆에 있다.
3 유상곡수연을 펼치던 소요암으로 바로 곁에서 흐르는 물소리를 듣고
어정의 물을 떠 마시면서 차와 술을 즐길 수 있는 공간이다.

4-8. 소요정 消遙亭 │ 서울 종로구 와룡동 창덕궁 후원 내

옥류천 일대의 풍경이 모두 소요정에 모인다

소요암. 유상곡수연을 펼치던 바위다. 옥류천과 소요암 바로 곁에서 흐르는 물소리를 듣고 어정의 물을 떠 마시면서 차와 술을 즐길 수 있는 공간이다. 옥류천과 소요암 그리고 어정을 바라볼 수 있는 중심에 소요정이 있다. 소요정 옆으로는 옥류천에서 내린 물줄기가 흐른다.

소요정은 순조가 '유상곡수의 아름다움이 있는 소요정의 경치가 가장 좋다.'라고 한 정자로 「궁궐지」에 의하면 인조 14년, 1636년에 건립하였다. 처음에는 탄서정歎逝亭으로 불렀다가 후에 소요정逍遙亭으로 이름을 바꾸었는데, '탄서歎逝'는 공자가 냇가에서 흐르는 물을 보면서 세월이 빨리 흘러감을 탄식했다는 데서 유래했으며, '소요逍遙'는 『장자』의 「소요유逍遙遊」 편에 나오는 것으로 '유유히 자적한다.'라는 말이다. 이 두 가지 이름의 유래로 미루어 볼 때 '시를 읊으며 세상을 유유자적한다.'라는 뜻쯤으로 해석할 수 있을 듯하다.

평상 걸음으로도 건널 수 있는 조그만 골짜기에 흐르는 물을 끌어들여 바위에 홈을 팠다. 홈을 따라 곡선으로 휘어져 흐르게 하여 물이 바위에서 떨어지도록 했는데 아담하고 장난스럽기까지 하다. 인조가 친필을 내려 '옥류천玉流川'이라 바위에 새기고, 그에 화답하듯 숙종이 지은 시를 인용해 그 위에 새겨 놓았다.

소요정은 창덕궁의 정자 중에서 비교적 소박한 축에 속하지만, 소요정만큼 역대 국왕들이 가장 아끼며 즐겨 찾던 정자도 없었던 것 같다. 「궁궐지」에 따르면 소요정과 관련된 역대 왕들의 시가 전해지는데 숙종, 정조, 순조 임금 등이 각각 시를 남겼다고 한다. 또한 「소요정기」에 의하면 "옥류천 일대의 승경이 모두 소요정에 모였다."라며 소요정의 뛰어난 경치를 극찬하기도 했다.

소요정은 정면 1칸, 측면 1칸의 익공식 사모지붕의 정자로 홑처마에 평난간을 둘렀다. 옥류천에서 흘러내리는 개울을 끼고 사방이 훤히 트인 소요정은 옥류천의 모든 것을 눈과 마음으로 즐길 수 있는 곳에 자리하고 있어, 옥류천 주변에서도 가장 중심이 되는 정자라고 할 수 있다. 폭포의 물줄기가 떨어지는 소리뿐만 아니라 태극정과 청의정, 그리고 취한정까지 한눈에 조망할 수 있는 곳이다. 옥류천 주변의 소요정·청의정·태극정은 상림삼정上林三亭이라 칭해진다.

소요정은 건물 자체로만 본다면 별다른 특징을 찾을 수 없다. 그러나 옥류천의 중심이라 할 어정과 곡수구와 폭포가 한눈에 보이는 곳에 자리 잡아 그 자리에 있다는 것만으로도 충분히 제 역할을 하는 정자다. 어정의 물을 마셔 본 이들은 물맛이 달고 시원하여 가슴이 다 열리는 기분이라고 하였으나, 지금은 지붕 모양의 묵직한 돌로 뚜껑을 해 놓아 그 물맛을 느껴볼 길이 없어 무척 아쉽다.

1 추녀와 선자서까래의 모임부분에 반자를 설치하고 단청을 한 구성이 멋지다.
2 홑처마 굴도리집으로 곱게 단청을 했다.
3 초석 밑 부분은 방형으로 하고 위에는 원통형으로 가공한 초석이다.
4 소요정 편액. '소요逍遙'는 『장자』의 「소요유逍遙遊」편에 나오는 것으로 '유유히 자적한다.'라는 뜻이다.

4-9. 청의정 淸漪亭 | 서울 종로구 와룡동 창덕궁 후원 내

궁궐에 하나뿐인 단청에 볏짚을 얹은 초정

청의정淸漪亭은 창덕궁 후원 옥류천 주변 정원의 가장 안쪽에 있는 정자이다. 인조 14년, 1636년에 세워졌다. 궁궐에서 유일하게 초가지붕을 하고 있다. 단청까지 칠한 정자가 초가지붕을 한 모습은 곤룡포를 입고 밀짚모자를 쓴 격이며, 베잠방이에 오색족두리를 쓴 격으로 어색하면서도 어울리고, 어울린다 싶으면서도 뭔가 불협화음이다. 단청과 볏짚이 전혀 어울리지 않는 발상 같지만, 백성을 이해하고 배려코자 하는 왕의 백성 사랑하는 마음이 깃들어 있어 나름대로 뜻깊다.

청의정은 여러 가지 면에서 특별한 정자이다. 기둥은 4개인데 천정의 도리는 팔각형이다. 거기에다 지붕에 얹은 볏짚으로 된 처마는 동그랗게 오렸다. 밑에서부터 보면 4각에서 8각으로 변하고 마지막의 지붕은 원형으로 변형되어 있다. 굳이 말하자면 땅은 방형이라는 동양철학의 원리대로 정자의 몸체는 사각형으로 하고, 하늘을 덮는 지붕은 원형으로 마무리했다고 할 수 있다. 선택된 하나를 한결같이 고집하는 것이 일반적인 형식인데 청의정은 일반적인 상식을 여러 면에서 깨트리며 다른 정자와는 다른 형태를 띠게 되었다.

청의정 연지에 모를 심고 가을이면 수확을 했는데 그 주체가 왕이었다. 왕이 직접 모내기를 하고 수확까지 했다. 그리고 왕이 직접 벤 볏짚으로 이엉을 이었다고 한다. 지금도 일 년에 한 번씩 지붕에 이엉을 새로 잇는 행사를 한다. 백성의 수고로움을 헤아리기 위하여 직접 농사를 주관하였던 왕의 마음과 왕조시대의 향수를 느껴볼 수 있는 행사로, 모내기에 우리 전통의 모인 수라벼라고 하는 것을 사용하고 주위에 다양한 벼 품종을 전시함으로써 우리 고유의 농촌문화에 대한 이해를 높일 수 있도록 하였다. 노동의 피로를 덜고 능률을 높이기 위해 불렸던 농요와 함께 즐거운 한때의 추억거리를 제공한다.

청의정은 한 칸짜리 초익공 네모 집으로 작은

포작을 짜서 8각형의 도리를 받치고 이 위에 8각형 지붕을 형성하고 짚으로 이엉을 이어 마감하였다. 정면 1칸, 측면 1칸 크기에 익공식으로 사모지붕을 얹고 난간을 둘렀으며 단청으로 장식하였다. 정자의 모양이 매우 장식적이고 단청 역시 화려하다. 이미 말했듯이 지붕은 소박한 초가여서 화려함과 소박함이 묘하게 조화 아닌 조화를 이룬다. 천장의 도리와 서까래 끝 부분은 오색단청을 했고 서까래의 나머지 부분은 초록빛인데, 화려하면서도 중심으로 모이는 선이 아주 시원하며 중심은 꽃송이가 피어난 것처럼 매우 화사하고 고품격이면서 아름답다.

'맑은 물결이 이는 정자'라는 뜻의 청의정淸漪亭은 왕의 마음과 백성의 마음이 만나는 장소였다. 백성과 왕이 직접 만나서 같이 농사를 짓는 것은 아니었지만, 왕이 직접 농사를 지어 봄으로써 농사짓는 백성의 마음을 더 잘 이해할 수 있게 했다. 단청과 볏짚이 함께하기에는 왠지 어색한 것처럼 지존의 왕과 백성도 상당한 거리를 느껴야 했던 왕조시대였지만, 그러한 마음을 일깨우도록 한 행사는 의미가 있었다.

청의정은 우리나라 초정草亭 중에서 가장 오래된 정자다. 초정은 그 특성상 금세 썩고 관리가 부실해 보존이 어렵다.

왼쪽 위_ 청의정 연지에 모내기하고 가을이면 수확을 했는데 주체가 왕이었다. 왕이 직접 모내기를 하고 직접 수확까지 했다. 지금도 일 년에 한 번씩 지붕에 이엉 잇는 행사를 한다.
왼쪽 아래_ 태극정 기둥 사이로 바라본 청의정. 창덕궁 후원 옥류천 주변 정원의 가장 안쪽에 있는 정자이다.
오른쪽_ '맑은 잔물결이 찰랑대는 곳'이란 뜻의 청의정 주위에는 논이 있어 임금들이 해마다 이곳에다 벼를 심어 그해 농사 작황을 가늠했다. 초가지붕에 단청을 칠한 독특한 정자이다.

창덕궁 후원에 있는 청의정은 궁궐의 건물답게 관리가 잘 되어 오랜 역사가 담겨 오늘날까지 전해 내려오고 있다. 창 덕궁과 창경궁을 그린 「동궐도」를 보면 후원 일대에 초가 가 여러 채 그려져 있지만, 현재는 청의정만 남아 있다.

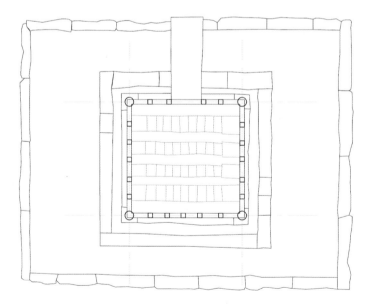

1 청의정은 원형, 팔각, 네모로 이어지는 형태를 띠게 되는데 원형은 하늘, 팔각은 사람, 네모는 땅을 뜻하는 것으로 우주의 기본 원리인 삼재三才를 표현한다.
2 연꽃 단청과 연두색 서까래가 아름답다. 중심으로 향하는 선이며 중심에서 피어나 는 꽃은 절정이다. 단순하면서도 이처럼 강렬한 단청은 본 적이 없다.
3 머름형 평난간을 두른 사각형의 우물마루이다.
4 두 단으로 처리한 초석과 연지를 건너는 평석교가 놓여 있다.

4-10. 태극정 太極亭 | 서울 종로구 와룡동 창덕궁 후원 내

버들 곁이라, 누각엔 새벽녘 꾀꼬리 소리 들리네

청의정 맞은편에 있는 정자가 태극정이다. 「궁궐지」에 의하면 1636년에 건립했으며, 옛 이름은 '운영정雲影亭'이었는데 '태극정太極亭'으로 바뀌었다고 적고 있다. 정조의 '태극정시太極亭詩', 숙종의 '상림삼정기上林三亭記' 등 태극정의 정취를 노래한 어제御製가 전해지며, 선조의 어필로 된 글귀를 걸었다고 한다. 태극정 정자 주련柱聯에는 이런 시구가 적혀 있다.

花裏簾櫳晴放燕 화이염롱청방연
柳邊樓閣曉聞鶯 유변루각효문앵
꽃 속이라, 주렴 창밖에 비 개자 제비 날고
버들 곁이라, 누각엔 새벽녘 꾀꼬리 소리 들리네

맑고 청아하다. 코끝을 간질이는 비 갠 날의 상쾌한 공기가 느껴지고, 귓바퀴를 울리는 꾀꼬리 소리가 서럽도록 맑은 날이 떠오른다. 짧은 글에 쾌청한 분위기를 담았다. 사람 없는 날에 창덕궁 후원을 걸어보면 알게 된다. 자박자박 발바닥에 밟히는 적막의 신선함을. 귀가 열리고 막힌 코가 뚫리는 듯 몸 안팎이 자연과 소통하며 호흡한다. 나무도, 정자 건물도 전부 귀를 열고 세상에서 들려오는 소리에 귀를 기울이는 듯한 기분이 든다. 허가를 받고 창덕궁 안내를 받으며 느꼈던 그때의 시간을 잊지 못한다.

태극정은 세벌대의 장대석 기단을 쌓고 그 위에 다시 외벌대의 기단을 쌓아 평지에 지어진 듯하지만, 「동궐도」에는 태극정 옆에 연못이 조성되어 있어 지금의 주변 모습과는 조금 다르게 보인다. 연경당의 농수정, 승재정과 유사한 형태의 정자로 지어졌으나 초석이나 기둥, 난간 등이 상대적으로 낮아 안정감이 느껴진다. 굴도리집으로 정면 1칸, 측면 1칸의 익공식에 겹처마 사모지붕으로 내부에는 우물마루를 깔고 퇴를 달아 평난간을 둘렀으며, 천장은 우물천장 형식이고 지붕 꼭대기에는 절병통을 얹어 마무리했다. 창덕궁 후원의 다른 정자들과는 달리 높은 장대석 기단 위에 지어졌는데, 기둥의 문설주로 보아 비나 추위를 피하도록 고안된 작은 정자로서 주변의 다른 정자들과 어울려 한 폭의 그림이 된다.

태극정太極亭의 태극은 '태극이 있은 뒤에야 음양과 오행이 있으니 세상 만물이 모두 조화를 이루고 있다.'라는 뜻으로 지은 정자는 궁궐을 향하는 관악산 화기를 잠재우기 위하여 해태상을 세웠듯이, 옥류천의 강한 음기를 누르려고 한 깊은 뜻을 그 이름에 담았다고 한다.

태극정 기둥 사이로 정면에 청의정이 보인다. 단청과 초가지붕이 대비된다.

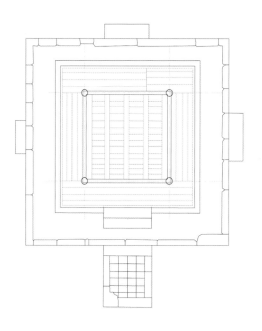

1 겹처마로 서까래의 연화와 부연의 매화점이 있는 부리초가 화려하면서도 정연하다.
2 태극정의 모임지붕 위로 절병통이 보인다.
3 천장을 우물반자로 하고 곱게 단청을 한 우물천장이다.
4 추녀와 사래. 천하가 태평하기를 기원하는 태평화 부리초가 보인다.
5 평난간. 난간동자 사이를 창처럼 살대로 엮은 교란交欄이다.
6 접합부위의 보강을 위해 만卍자 문양을 새긴 띠쇠로 장식적인 효과를 더했다.
유교를 정통으로 받아들였던 조선조의 궁궐 내에 불교적인 요소가 숨어 있다.

왼쪽 위_ 헌종 때의 「궁궐지」를 보면 인조 14년(1676) 병자년에 지었다. 처음 이름은 운영정雲影亭이었는데 태극정으로 바꾸었다.
왼쪽 아래_ 사모지붕의 정방형 정자로 단청이 화려하다.

4-11. 농산정

籠山亭 | 서울 종로구 와룡동 창덕궁 후원 내

정조의 수원 행차 시 예행연습을 하던 곳

창덕궁 후원의 정자들은 저마다 형태도 다르고 용도도 다르지만, 농산정籠山亭은 옥류천 주변의 정자들 가운데 가장 규모가 크고 구성도 특이하다. 평면을 보면 방 2칸, 마루 2칸, 부엌 1칸의 5칸 건물로 행랑채와 비슷한 형태로 되어 있다.

농산정은 임금이 신하들과 옥류천에 거동하여 주연을 베풀고 한담을 나눌 때 다과와 음식 등을 마련해 올리던 곳으로 여겨지는 행랑채처럼 소박하게 꾸민 집이다. 궐내에서 후원의 옥류천까지 음식을 만들어 나르기에는 수월찮은 거리이다. 후원 어디에선가 자체적으로 해결하는 방법이 필요했을 텐데 그런 용도로는 농산정이 적격으로 보인다.

농산정은 「동궐도」에서도 그 모습을 찾아볼 수 있는데, 농산정 입구에 꽃나무 가지 등으로 담장을 쌓은 취병을 두른 모습이 지금과는 다르다. 담장을 두른 것도 농산정 뿐인데 더구나 더 특이한 것은 취병으로 입구에 아치형 홍예를 둘러 운치를 더했다. 취병翠屛은 궁궐 내부의 산울타리로 된 전통적인 담장으로, 식대를 시렁으로 엮어 낮게 둘러싸고 그 안에 키 작은 나무나 덩굴 식물을 심어 자라게 해서 담으로 사용하였다. 현재는 취병으로 만든 담장과 입구가 모두 남아 있지 않아 그 운치 있는 모습을 볼 수 없음이 아쉬울 따름이다. 다른 정자와 다르게 담장을 한 이유와 외형에 신경을 쓴 흔적으로 보건대 농산정은 특별한 용도로 사용되었음이 틀림없어 보인다.

농산정은 낮은 장대석 기단 위에 돌 초석을 놓고 사각기둥을 세웠으며 납도리집으로 홑처마 맞배지붕을 한 건물이다. 정면 5칸, 측면 1칸의 직사각형 모양이며 2칸은 대청, 2칸은 온돌방, 1칸은 부엌으로 구성된 一자형의 집이다. 전면과 후면에 각각 쪽마루를 달았다. 단순히 소박하고 단출하게만 지어진 맞배지붕 집은 아닌 것 같고 어딘지 모르게 경건하고 엄숙한 분위기가 난다. 실제로 『조선왕조실록』에는 정조가 나라의 제사가 있을 때 전날 밤에 이곳 농산정에서 묵으면서 재계했었다는 기록이 남아 있다.

또한, 농산정은 정조가 수원으로 능행할 때 그 준비도 하고 음식도 나누어주던 곳이다. 실례로 『정조실록』에 보면 "가마를 메는 예행연습을 후원에서 하였다. 왕이 수원 현륭원에 행차할 때 여러 날 수고롭게 움직여야 하기 때문에 자궁慈宮을 직접 모시고 먼저 예행연습을 한 곳이다. 농산정에 이르러 행차를 수행한 사람들에게 음식 대접을 하고 대내로 돌아왔다."라는 기록이 있다. 정조 19년, 1795년의 기록으로 여기서 자궁은 정조의 어머니이자 정조의 친아버지인 사도세자의 부인인 혜경궁 홍씨다. 혜경궁 홍씨의 회갑을 맞아 화성의 현륭원에 행차하여 잔치를 베풀었는데, 수원까지 행차하기 위하여 농산정에서 연습을 하고 가마를 멘 사람들에게 먹을 것을 베풀었다는 내용이다.

농산정은 후원 내에서 가장 오래된 정자로 다른 정자들과는 달리 특이하게 살림집같이 생겼다. 취병을 한 것도 그렇고 왕이 묵어갔다는 기록을 보아도 농산정은 다른 정자와는 다른 용도로 지어졌음을 알 수 있다. 다른 정자들이 개방된 시설이었다면 농산정은 보다 속내 깊은 용도로 사용하였음을 알 수 있다.

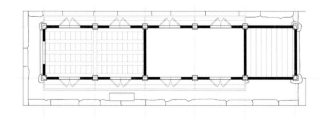

왼쪽_ 정면에 쪽마루를 내었다.
오른쪽_ 부엌문으로 쓰였을 널판문 위로 여닫이 세살 쌍창을 달았다.

1 정면 5칸, 측면 1칸의 기와를 인 맞배지붕으로 마루 2칸, 방 2칸, 부엌 1칸의 평면 구성을 한 一자형의 집이다.
2 농산정은 낮은 장대석기단 위에 사다리형초석을 놓고 사각기둥을 세웠으며 납도리로 엮은 홑처마 맞배지붕의 건물이다.
3 측면 벽체를 화강암으로 된 사괴석과 전돌로 화방벽을 쌓았다.
4 머름 위에 네 짝의 세살분합문을 달았다.

4-12. 향원정

香遠亭 | 서울 종로구 세종로 경복궁 내

향원정이 하나의 풍경이 되는 순간 한국미의 아름다움은 나비처럼 날개를 단다

경복궁의 직선상에 있는 광화문과 교태전 뒤에 향원정이 있다. 향원정을 배려한 마음이 보인다. 향원정은 세조실록에 의하면 세조 2년, 1456년에 취로정이란 정자를 짓고 주변 연못에 연꽃을 심었다는 기록이 있는데, 그 취로정이 향원정의 전신으로 생각된다. 지금의 향원정은 1873년 고종이 건청궁을 지을 때 옛 후원인 서현정 일대를 새로 조성하면서 지은 정자로 대원군의 경복궁 복원과 맞물려 있다.

향원정은 인공으로 파낸 넓은 연못인 향원지香遠池 한가운데의 원형 섬에 건립된 2층 누각樓閣이다. 익공식翼工式 기와지붕으로 지붕에 별다른 장식은 없고 처마는 겹처마이다. 누각의 평면은 정육각형이며 장대석으로 단을 쌓고 짧은 육모의 돌기둥을 세웠다. 1·2층을 분리하지 않고 한 나무의 기둥으로 세웠다. 왕궁의 정자다운 면모를 보이는 부분으로 나무의 키가 예사롭지 않아야 가능한 일이다. 1867년과 1873년 사이에 세운 것으로 추정된다.

향원정香遠亭은 '향기가 멀리 퍼져 나간다.'라는 뜻의 정자이다. 은은하게 퍼지는 향이 더욱 멀리 퍼져 나가니 향원정으로 들어가는 다리에도 향기가 출렁인다. 향원정으로 들어갈 수 있는 다리는 하나뿐으로 나무로 만들어져 있다. 이름도 향원정을 닮아 취향교醉香橋다. 조선시대 연못에 놓인 목교로는 취향교가 가장 긴 다리이다.

향원정은 우리나라 정자 중에서 가장 당당하면서도 다소곳한 여성적인 매력을 발산하는 정자다. 사계절 모두 나름의 멋과 맛을 가진 빼어난 정자로 어디에다 내놓아도 조형미와 전체적인 경관의 아름다움으로 빛난다.

향원정으로 흘러들어 가는 물의 근원은 지하수와 열상진원이라는 샘으로 경복궁 향원지 북서쪽에 있다. '열상진원烈上眞源'이란 '차고 맑은 물의 근원'이라는 의미이다. 북악산 기슭에서 함양된 지하수로 1395년 경복궁 중건 때 축조되었다. 특히 열상진원에 설치된 둥글고 오목한 웅덩이는 서쪽에서 흘러들어 와서 동쪽으로 흘러가게 한 배수시설이다. 두 번 직각으로 꺾어 물 흐름의 속도를 줄였다. 이는 향원지로 들어가는 물이 조용히 흘러들어 가도록 배려한 것이다. 향원지에 비친 향원정과 나무들의 그림자가 깨어지지 않게 배려한 장인의 마음 씀이다.

향원정은 건물 자체만으로도 아름답지만 향원지에 비친 그림자 또한 각별한 아름다움을 느끼게 한다. 섬 위의 향원정과 물 위의 향원정이 하나의 풍경이 되는 순간 한국미의 아름다움은 나비처럼 날개를 단다. 그리 크지 않아 품에 안을 수 있을 듯싶고 물과 바람을 다 담아낼 듯한 그윽함이 참으로 아름답다.

왼쪽_ 향원지는 네모나고 가운데 있는 섬은 둥글다. 이는 하늘은 둥글고 땅은 네모나다는 동양사상인 천원지방天圓地方을 반영한 것이다.
오른쪽_ 『세조실록』에 의하면 세조 2년, 1456년에 취로정이란 정자를 짓고 주변 연못에 연꽃을 심었다는 기록이 있는데, 그 취로정이 향원정의 전신으로 생각된다.
이곳에서 왕이 공을 세운 신하를 치하하거나, 때로는 군신이 함께한 시회詩會를 열기도 했다.

향원정은 드러냈음에도 과장되지 않고, 곱게 꾸몄으면서도 요란하지 않아서 기품이 있다. 빼어난 아름다움은 무엇이든 강하게 돌출되지 않고 은은하게 배어 나온다. 품위를 배운 흐트러짐 없는 아름다움이어야 어디에서든 향기롭다. 향기는 천박하지 않아야 하며 향기는 멀리 퍼져 나가서도 그리움으로 출렁일 수 있어야 한다. 아득히 먼 향기여도 꽃봉오리가 벌어지는 순간의 맑은 청정함이 떠오르는 향원정의 풍경은 오래도록 그리운 풍경이다.

1

2

3

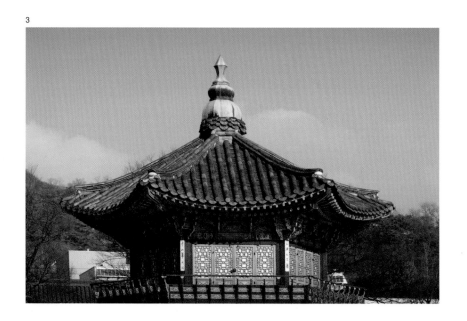

1 평면 육각의 2층 누각 건물로 연지에 가설된 목교를 지나면 도달한다. 연못을 가로질러 놓인 다리는 향원정의 아름다움을 더한다.
2 취향교를 건너 향원정으로 이어지는 장대석계단이다.
3 향원정 육모지붕.

1 절병통. 모임지붕에서는
지붕 정점에 항아리를 몇 개 엎어놓은 것 같은
특수기와를 얹는데 이를 절병통이라고 한다.
항아리 대신 동판으로 모양을 내었다.
2 누각에는 낮은 기단에
장주초석을 세우고 쪽마루에는 짧은 육모의
돌기둥을 세웠다. 상층 외연에는
계자난간을 하층 외연에는 평난간을 설치했다.
3 장대석계단 위로 평난간을 설치하고
네 짝의 분합문은 중앙의 두 짝은 문으로 하고
좌우 두 짝은 머름이 있는 창으로 했다.
4 취향교. 돌 교각에 널을 깔아 만든 널다리이다.
5 평난간의 연화두형 풍혈을 내었다.
6 두 번 직각으로 꺾어 물 흐름의 속도를 줄였다.
이는 향원지로 들어가는 물이 조용히 흘러들어 가도록
배려한 것이다. 향원지에 비친 향원정과 나무들의
그림자가 깨어지지 않도록 배려한
장인의 마음이 담겨 있다.

5

서당과 서원

서원 건축은 전저후고前低後高 지형에 전학후묘前學後廟의 배치양식을 따랐다

종학당宗學堂 ｜ 상주 양진당尙州養眞堂 ｜ 도산서원陶山書院 ｜ 병산서원屛山書院

조선시대의 교육기관은 크게 나누어 고등교육기관으로는 성균관, 중등교육기관에는 사학, 향교, 서원이 있었고, 초등교육기관으로는 서당이 있었다. 조선시대는 기본적으로 유교를 국가의 통치이념으로 받아들인 사회여서 모든 교육의 중심에 유교가 있었다. 지금까지 남아 있는 교육기관으로는 성균관과 향교, 서원이 있으나 서당은 사라졌다. 서당은 규모가 작고 공적인 일의 수행이 적었기 때문이다. 이들 조선시대 교육기관 중 중요한 한 곳을 지목하라면 당연히 서원을 꼽을 수 있다. 서원은 선비들이 모여서 명현 또는 충절로 이름이 높은 위인들을 받들어 모시고, 그 덕망과 절의를 본받으며 배움에 힘쓰던 곳이다.

서원의 명칭은 당나라 현종 때 궁중에 있던 서적의 편수처이던 여정전서원과 집현전서원에서 유래한 것인데, 송나라 때 지방의 사숙에 조정에서 서원이라는 이름을 준 데서 학교의 명칭이 되었다. 이후 서원은 선현과 향현을 제향하는 사우祠宇와 청소년을 교육하는 서재書齋를 아울러 갖추게 된다.

서원은 1542년 풍기군수 주세붕이 성리학을 소개한 안향의 옛 집터에 사당을 짓고, 제사를 지내며 선비의 자제들을 교육하였는데, 이것이 사祠와 재齋의 기능을 모두 갖춘 우리나라 서원의 시초로서 바로 백운동서원이다. 우리의 선조를 정신적인 스승으로 모시고 교육에 임했다는 것은 조선시대 교육기관으로서 특징적인 면이다. 모든 교육과 사상에서 조선은 중국의 주변국으로 생각하고 있던 고루한 조선 사대부들에게서 나온 사례 중 드문 일이다. 서원은 국가에서 관리하던 관학에 대비되는 사학이었다.

서원 설립의 기본 의도는 배움의 장을 마련함에 있었다. 조선 후기 실학자 유형원은 서원의 설립 동기를 교학敎學에 두었다.

향교의 교육이 잘못되어 과거에만 집착하고 명예와 이익만을 다투게 되자, 뜻 있는 선비들이 고요하고 한적한 곳을 찾아 정사를 세워 배움을 익히고 후진을 교육한 데서 서원이 생겨났다.

서원은 여러 가지 역할을 동시에 수행했다. 강학공간으로서의 역할이 중심이 되었지만, 도서관 역할도 했을 뿐만 아니라 문중이나 학맥의 계승이라는 폐쇄적인 면도 강했다.

서원의 건축구성은 조선시대 서원의 특징이라 할 수 있는 전저후고 지형에 전학후묘의 배치양식을 따랐다. '전저후고前低後高'는 풍수지리적인 면을 고려하여 앞은 낮고 후면은 높은 지형에 건축물을 배치하는 방식이다. 풍수지리의 기본원리인 배산임수를 그대로 받아들였다. '전학후묘前學後廟'의 서원 배치양식이란 입구에서 가까운 쪽, 즉 낮은 쪽은 학문의 공간으로 하여 강학공간과 서고 등이 배치되고 뒤로 들어가서는 제향 공간을 두는 방식이다. 안쪽인 제향 공간은 사당이며 공경의 대상이 되는 곳으로 우리의 심성에는 이 안쪽인 제향 공간이 중심이 되어 자리 잡고 있다.

우리나라 서원중에서 병산서원, 도동서원, 도산서원, 소수서원, 옥산서원이 조선시대 5대 서원으로 꼽힌다. 서원은 설립자의 교육관과 구현이념을 계승하기 위하여 운영되었다. 또한, 학연이나 지연이 가진 학통과 가문의 중심인 종중 사회의 가풍을 이어가는 역할도 함께하면서 서원은 학문의 장소로서의 기능만이 아니라 조상이나 현인에 대한 숭모와 학맥의 계승에도 적극적이었다.

서원의 설치는 전국적으로 빠르게 퍼져 나가 선조 때는 124개소에 이르렀고, 당쟁이 극심했던 숙종 때 설치한 것만 무려 300여 개소에 이르렀다. 마침내 각 도에 80~90개의 서원이 세워졌다. 초기의 서원은 인재를 키우고 선현·향현을 제사지내며 유교적 향촌 질서를 유지하고 시정을 비판하는 등 긍정적인 기능을 발휘하였다. 그러나 서원이

왼쪽_상주 양진당 강학 시간을 알리던 종. 조선시대는 기본적으로 유교를 국가의 통치이념으로 받아들인 사회여서 모든 교육의 중심에 유교가 있었다.
오른쪽_안동 병산서원. 류성룡이 죽자 지방 유림의 뜻으로 류성룡의 학문과 덕행을 추모하기 위하여 1613년 존덕사를 창건하고 위패를 봉안하였다.

점차 늘어감에 따라 혈연·지연관계나 학벌·사제·당파 관계 등에 연결되어 지방 양반층의 이익 집단으로 전락하고 만다. 서원의 폐단에 대한 논란은 인조 때부터 꾸준히 계속되다가 고종 1년(1864)에 집권한 대원군이 적극적으로 서원의 정비를 단행하여 사표가 될 만한 47개소의 서원만 남기고 모두 철폐하였다.

1 상주 양진당. 조선시대 문신 검간 조정이 1626년 안동 임하 천천동에 있던 처가 문중의 99칸 가옥을 옮겨 세운 것이다.

2 안동 병산서원. 고려시대부터 사림의 교육기관이었던 풍산현에 있던 풍악서당을 1572년에 류성룡이 이곳으로 옮겨 왔다.

3 안동 도산서원. 원래는 퇴계 선생이 도산서당을 짓고 유생을 가르치며 학덕을 쌓던 곳이다. 이황의 사후인 1574년에 도산서원이 세워지고 1575년 한석봉의 글씨로 된 사액서원을 받음으로써 영남유학의 근원지가 되었다.

4 안동 병산서원. 1863년 앞산의 이름인 '병산'이라는 사액을 받아 사액사원으로 승격되었다. 대원군의 서원철폐령에 훼철되지 않고 남은 47개 서원의 하나이다.

1 논산 윤씨종학당.
1643년(인조 21)에 윤순거가 문중의
자녀교육을 위해 세우고 종약宗約을
제정하여 교육하던 곳이다.
2 영주 소수서원.
1542년 풍기군수 주세붕이
고려 안향의 사묘를 세우고 1543년에
학사를 이전 건축하여 백운동서원을 설립한 것이
서원의 시초이다.
3 안동 도산서원.
퇴계 이황의 학덕을 추모하기 위하여
그의 문인과 유림이 세웠다.
4 논산 윤씨종학당.
윤씨 종중과 문중의 내외척 자녀를 모아
교육했다.

5-1. 종학당

宗學堂 | 충남 논산시 노성면 병사리 95-1

우리나라 최초의 문중학교

종학당宗學堂은 파평윤씨 종중의 학교이며, 우리나라 최초의 문중학교로 1643년(인조 21)에 논산 노성면에 건립되었다. 당시 공교육으로는 한양의 성균관과 지방의 향교, 사립학교로는 서원과 서당이 있었지만 한계가 있었다. 양반가는 대부분 스승을 두고 고액 과외를 했다. 논산의 파평윤씨 가문은 당시 사교육의 폐해를 타개하고 문중의 인재를 발굴하기 위하여 문중학교인 종학당을 설립하였다. 그리고 종약이라고 하는 엄격한 학칙을 만들어 자녀와 문중의 친척, 처가의 자녀를 합숙시키며 체계적인 교과과정에 따라 교육했다.

종학당의 토대를 놓은 사람은 윤순거尹舜擧로 자신의 재산을 출자하여 학교건물을 마련하고 보관하고 있던 책을 전부 내놓았다. 윤순거는 근대적인 교육 체계가 없었던 당시에 가문 차원에서 체계적인 자녀교육과정을 만들어 사교육을 실천한 인물이다.

종학당은 당시 관학인 성균관과 대조를 이루는 사학의 대표적인 기관이었다. 요즘으로 치면 초·중·고와 대학이 함께 있는 전인교육의 요람이라고 할 수 있다. 특히 10세 아이부터 과거를 볼 성장한 청년까지 나이와 학문의 습득 정도에 따라 단계적으로 공부할 수 있도록 체계적인 교육목표와 교육과정을 마련했다. 종학당은 윤순거의 아우인 윤선거와 윤선거의 아들인 명재 윤증이 차례로 학장에 오르면서 전국적인 명성을 얻었다. 설립 이후 42명의 과거 합격자를 배출하는 등 1910년까지 270년 동안 존속했다. 1910년 경술국치 전까지 운영되다가 이후 신교육제도의 도입으로 폐쇄되었다.

노성지역의 파평윤씨 일가가 조선의 명문가로 두각을 나타낸 것은 바로 이 종학당에서 이루어진 문중교육에 힘입은 바 컸다고 할 수 있다. 종학당은 종중 자녀뿐만 아니라 문중과 처가의 자녀까지 두루 교육한 일종의 학교식 문중학당으로 문중 아이들과 청소년들이 학문과 가풍을 배우는 교육의 장이었다.

1997년 종학당과 백록당 정수루를 하나로 합하여 유형문화재 제152호로 재지정 되었다. 국비와 도비 및 시비의 지원을 받아 1999년에는 종학당, 2000년에는 정수루를 각각 원형 복원하였고, 2001년 강당인 보인당과 함께 이 일원을 종학원宗學園으로 통칭하고 있다. 종학원의 건물구성은 정면 4칸, 측면 2칸 팔작지붕으로 정면 2칸은 대청으로 하고 좌·우측에 온돌방을 둔 기초교육을 담당한 종학당, 주변 사람들과 중인들의 교육을 하던 보인당, 정면 7칸, 측면 2칸 팔작지붕으로 과거시험을 교육하던 백록당, 정면 6칸, 측면 2칸 삼량가 팔작지붕의 누로 학문을 토론하고 시문을 짓던 정수루가 있다.

종학당과 거의 비슷한 시기에 건립된 정수루에 올라 내려다보면 바로 가까이에 있는 연못과 종학당 주변의 아름드리 배롱나무 꽃이 곱다. 세상에 태어나 자신의 주위를 아름다움과 향기로 채우는 꽃처럼 살아가는 것이 사람의 목표가 되어야 한다는 생각을 문득 해 본다. 병사리 저수지의 물빛과 건넛마을이 한눈에 시원하게 들어온다. 정수루는 한쪽이 불탄 것을 복원하였다. 백록당 등에서는 지금도 여름방학이면 파평윤씨의 후손들을 모아 예절교육 등을 하고 있어 예전 모습의 일부나마 이어가고 있다.

종학당은 교육적 기능으로서 뿐만이 아니라 건축물 자체로서의 독창적 아름다움을 가지고 있다. 개인재산을 털어 학문의 전당을 지은 한 사람의 헌신적인 노력이 문중을 발전시키고, 학문의 뿌리를 잇는 가교역할을 했다는 점에서 종학당의 의미는 크다. 좀 더 발전시켜 근대 한국의 사학 전당으로 일으켜 세우지 못한 아쉬움이 있다.

왼쪽_ 백록당. 과거시험 공부를 교육하던 공간으로 다른 이의 교육에 방해되지 않도록 툇마루를 설치하였다.
오른쪽_ 백록당 기단에서 바라본 정수루 입구 모습이다.

위_ 정수루. 정면 6칸, 측면 2칸 팔작지붕의 누로 학문을 토론하고 시문을 짓던 곳이다.
아래_ 정수루. 축대의 고저 차를 이용해지어 누樓의 접근이 쉽고 평지에 지은 것처럼 보인다.

1

2

3

1 백록당과 정수루 측면. 종약을 마련하고 자녀와 문중의 친척,
처가의 자녀가 합숙교육을 받던 곳이다.
2 정수루의 측면. 2층에는 머름 위 판벽 사이로 우리판문을 설치했다.
3 삼량가 홑처마 건물로 너새기와와 박공모습이 간결하다.

1 누樓. 2층에서 백록당으로 연결되는 입구이다.
2 솟을대문. 고등교육의 입문처럼 우뚝 솟았다.
3 처마선과 평난간 사이로 펼쳐지는 풍경이 일품이다.

1

2

3

1 삼량가로 바닥을
우물마루로 했고 X자 모양의 교란을
한 난간을 둘렀다.
2 정수루와 백록당을 연결하는 입구이다.
3 방마다 미서기문을 달아 공간을
확장할 수 있도록 했다.
4 들어걸개문을 들어 거는 걸쇠와
기와지붕의 망와.
5 홍살문. 두 개의 기둥으로 만들고
문짝을 달지 않는 상징적인 문으로 서원이나
향교를 비롯해 능 앞에 세운다.
6 학생들이 사용했던 우물이
잘 정비되어 있다.

5-2. 상주 양진당

尚州養眞堂 | 경북 상주시 낙동면 승곡리 214-3

안동에서 상주로 99칸 집을 옮겨 지은 국가지정보물가옥

양진당養眞堂은 조선시대 문신 조정이 1626년, 인조 4년에 안동 임하 천천동에 있던 처가 문중의 99칸 집을 해체하고 나서 뗏목을 띄워 낙동강을 통해 옮겨와 다시 지은 집이라는 내용이 상량문에 적혀 있다. 조정은 65세 무렵 처가가 있던 안동 임하에서 1년쯤 살다가 돌아왔는데, 몇 해 후인 1626년에 양진당을 짓기 시작해서 1628년에 완성하였다. 양진당은 이렇게 한 사람의 대단한 열정의 결과로 현재의 소재지인 경북 상주시 낙동면 승곡리에 세워진 가옥이다. 무려 99칸이나 되는 집을 옮겨다 지은 데는 나름의 곡절이 있었겠지만, 그로부터 300여 년의 세월이 흘렀어도 양진당은 그때 그 자리에 의연히 버티고 서서 집 앞의 너른 들판을 바라보며 동남향하고 있다. 양진당은 건립 이후 강학공간과 문중의 모임장소로 활용되었다 한다.

검간黔澗 조정趙靖은 류성룡의 제자이며, 퇴계학파의 맥을 이어받은 조선 선조 때의 문신이다. 상주 최초의 서원인 도남서원을 세우고 향약을 실시하였다. 임진왜란이 일어나자 상주에서 제일 먼저 뜻을 모아 의병을 일으켰으며, 임금이 난을 피하여 수도를 버리고 도망가는 와중에도 기존의 질서를 무너뜨리려는 민심을 성리학적 질서로 안정시키려한 인물이다.

'참됨을 기르는 집'이라는 뜻의 양진당養眞堂은 1966년 대홍수 때 전면에 있던 사랑채 등이 유실되어 ㄷ자형 정침만 남아 있던 것을 복원하여 현재는 ㅁ자형 평면을 이루고 있다. 지형이 약간 경사져 있어 건물을 땅에서 약 1m 정도 높여서 지은 다락집 형태인데 이런 구조는 남방식 가옥의 특징이다. 본채는 정면 9칸, 측면 2칸의 겹집으로 우측에는 제사를 지낼 수 있는 대청을 두고 좌측에는 방을 두 줄로 배치했다. 정면은 누각형, 후면은 일반형으로 모두 구들을 드렸는데 이는 한겨울 외부의 차가운 공기의 영향을 덜 받을 수 있게 한 북방식 구조이다. 이처럼 남방식과 북방식의 특징을 두루 갖추어 조선 중기 우리나라 가옥의 다양성을 파악하는 데 중요한 자료가 되는 양진당은 구들을 갖춘 조선시대 고상식高床式 주거의 귀중한 사례이며, 조선시대 건축의 지역적 특성 및 역사적 변천과정을 파악할 수 있는 학술적 가치가 높은 건물로 인정되어 개인 건축물로는 드물게 2008년에 국가보물로 지정되었다.

정면 툇마루 앞의 6개 기둥은 지면에서 서까래 밑 부분에 이르는 통기둥을 사용하였다. 마루의 하부는 사각형으로 깎고 상부는 원형으로 다듬었다. 대청 전면 두 기둥은 원주로 세우고, 배면 두 기둥은 팔각형으로 치목하고 나머지는 모두 방형으로 했다. 기둥의 모양새를 달리하여 '천원지방天圓地方'이라는 동양 우주관의 조형원리를 따랐다. 본채는 오량가로 종보 위에 제형판대공이 놓여 있고 양 익사는 삼량가다. 본채의 3칸 온돌방 전면과 3칸 대청 후면에 나 있는 창호는 이 집의 역사를 읽게 하는 고식의 영쌍창이다.

기와지붕은 모두 이어져 있는데 사각형 모양으로 가운데가 우물처럼 푹 들어가 있다. 정면에서 보면 기와지붕의 양쪽에 귀를 쫑긋 세운 듯한 합각 부분이 멋지다. 길게 횡으로 자리 잡은 기와지붕이 합각 부분과 만나 특별한 연출을 한다. 본채 정면의 툇마루 상부만 겹처마로 하고 나머지는 홑처마로 하였다. 겹처마 꾸밈이 독특하다. 겹처마는 일반적으로 원형 서까래에 방형 부연을 얹는 데 비해 양진당은 서까래를 네모지게 다듬어 부연의 사각모양과 같은 모양이다.

양진당은 낙동강과 가까운 상습적 침수지역인 저지대에 있어 마치 누각처럼 지은 외관과 더불어 다소 복잡하면서도 치밀한 내부공간구성, 그리고 정성어린 조형사상을 읽게 하는 목조가구 수법들이 돋보이는 상류주택으로 그 유례가 드문 소중한 집이다.

왼쪽_ 무고주 오량가로 우물마루를 깐 대청마루이다.
오른쪽_ 조선시대 문신 조정이 1626년, 인조 4년에 안동 임하 천천동에 있던 처가 문중의 99칸 집을 해체하여 뗏목으로 낙동강을 통해 옮겨와 다시 지은 집이다.

서당과 서원 287

1

2

3

4

5

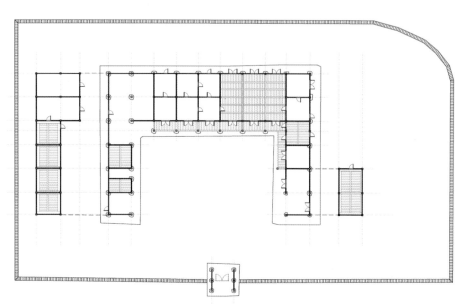

1 본채는 정면 9칸, 측면 2칸의 겹집으로
우측에는 제사를 지낼 수 있는 대청을 두고 좌측에는
방을 두 줄로 배치했다.
2 안마당에서 바라본 측면 모습.
남방식과 북방식의 특징을 고루 갖춘 조선 중기 가옥을
연구하는 데 중요한 자료이다.
3 대지가 약간 경사져 있기 때문에 건물을 땅에서
약 1m 정도 높여서 다락집 형태로 지었다.
4 양진당養眞堂은 1966년 대홍수 때 전면에 있던
사랑채 등이 유실되어 ㄷ자형 정침만 남아 있던 것을 복원하여
현재는 ㅁ자형 평면을 이루고 있다.
5 전면에 있는 一자형 사랑채 모습.

1 하방의 아래쪽에 초석 높이만큼
공간이 뜬 고막이벽을 와편과 흙으로 막고
통풍구를 설치했다.
2 자연석기단의 묵중함과 상부의
깔끔함이 어울린다.
3 다락집 형태의 툇마루를 우물마루로 하고
난간청판에 풍혈이 없이 난간동자가
난간상방 위로 높이 올라와 하엽 없이 난간대를
직접 받치고 있다.
4 세살 쌍창에 고식으로 가운데 문설주를
설치한 영쌍창이다.

1

2

3

4

1 영쌍창 문설주 사이로 분할된
ㅁ자형 안채마당의 풍경이 그림 같다.
2 삼량가로 다락 바닥을
우물마루로 했다.
3 다락을 오르내리는 통나무계단에
한지를 발라 벽과 조화를 이루고 있다.
4 방에서 다락으로 통하는 문을
여닫이 세살청판 독창으로 했다.

1 정면 툇마루 앞의 6개 기둥은 지면에서 서까래 밑 부분에 이르는 통기둥을 사용하였는데, 마루의 하부는 사각기둥으로 깎고 상부는 원기둥으로 다듬었다.
2 판벽 사이로 채광과 환기를 위해 세로살 붙박이창을 설치했다.
3 다락집 형태라 사다리를 타고 올라가게 하였다.
4 툇마루 하부모습이다.
5 부엌 내부모습으로 들마루가 놓여 있다.
6 양진당養眞堂 편액. 참됨을 기르는 집이라는 뜻이다.

5-3. 도산서원

陶山書院 ｜ 경북 안동시 도산면 토계리 680

올곧은 유학자의 삶과 매화 향 어우러진 사랑이 스며 있는 곳

한국의 철학자를 내세우라고 하면 퇴계退溪 이황李滉과 율곡 이이가 대표적인 인물이다. 조선 중기 성리학의 대표적인 인물이면서 한국정신의 표상으로 여겨지는 인물이다. 전통마을을 돌면서 퇴계의 영향이 얼마나 컸는가를 눈으로 직접 확인할 수 있었다.

도산서원은 퇴계가 사망하고 나서 4년 후인 1574년(선조 7)에 제자들과 유림이 힘을 합해 그가 후학을 가르치던 도산서당 뒤편에 선생을 추모하고 선생의 학문을 이어받기 위해 도산서원을 건립하였다. 그 다음 해인 1575년에 선조로부터 한석봉의 친필인 '도산서원陶山書院' 현판을 하사받아 사액賜額서원으로서 영남유학의 총 본산이 되었다. 퇴계는 40대에 생의 의미와 방향을 수정하는 계기를 마련하게 되는데, 46세가 되던 1546년에 향토인 낙동강 상류 토계의 동암에 양진암을 지어서 독서에 전념하는 구도생활에 들어간다. 이때에 자신이 태어난 지명을 딴 호인 토계兎溪를 버리고 세상으로부터 물러난다는 의미를 담은 퇴계退溪라 개칭한다.

도산서당은 퇴계가 낙향하고서 학문을 연구하고 후진을 양성하기 위해 1561년에 직접 설계해서 지었다고 전해지며, 이때 유생들의 기숙사 역할을 한 농운정사도 함께 지었다 한다.

도산서원은 정문을 들어서면 우측에 도산서당이 있고 좌측에는 농운정사가 있으며, 뒤쪽으로 올라가 진도문을 지나면 광명실이 있다. 그 뒤로는 서원의 주 건물인 전교당과 동·서재가 있다. 전교당 뒤로는 퇴계의 위패를 모신 상덕사가 있고 주변에는 「도산십이곡陶山十二曲」의 판목이 소장된 장판각이 있으며, 이 외에 창고, 주방, 유물전시관인 옥진각이 있어 퇴계가 직접 사용했던 유품들이 전시되어 있다.

당대의 스승이자 오늘날 한국인의 심성에도 정신적인 스승으로 자리하는 퇴계는 강한 절제와 면학의 길을 걸어 드디어는 학문의 높은 경지에 올랐으나, 그 개인의 인생으로 보면 결코 평탄한 삶을 살다 갔다고 할 수는 없다. 첫 번째 부인과의 사별, 새로 맞은 부인의 정신질환, 그리고 아들을 먼저 저세상으로 보내야 했던 쉽지 않은 생을 걸어간 인물이다.

'낮 퇴계 밤 퇴계'라는 말이 있다. 낮의 근엄하고 예의 바른 퇴계와 잠자리에서의 퇴계는 달랐다는 말에서 나온 농이지만, 그만큼 퇴계가 남자로서의 열정도 있었다는 얘기로 들려 한결 인간적인 퇴계의 모습이 느껴지기도 한다. 그런 퇴계가 매화를 사랑하여 매화를 노래 한 시가 백여 수나 되는데, 이는 단양군수 시절에 만난 관기 두향 때문이다. 부인과 사별하고 아들마저 먼저 보내고 퇴계가 한창 외롭던 시절에 만난 두 사람은 30년이나 나이 차이가 났음에도 사랑에 빠지게 되는데, 그때 퇴계의 나이 48세였고 두향의 나이 18세였다. 시, 서, 가야금에 모두 뛰어났던 두향은 매화를 무척이나 사랑했다. 하지만, 경상도 풍기군수로 임지를 옮겨야 했던 퇴계로 하여 두 사람의 깊은 사랑은 겨우 9개월 만에 끝이 나고, 짧은 인연 뒤에 찾아온 갑작스러운 이별은 견딜 수 없는 충격이었다. 결국, 둘의 이별은 아주 긴 이별로 이어져 1570년 69세의 나이로 퇴계가 세상을 떠날 때까지 21년 동안 단 한 번도 서로 만나지 않았다. 퇴계와 헤어지고 나서 두향은 퇴계와 자주 거닐던 남한강 가에 움막을 치고 평생 퇴계를 그리며 살았다. 퇴계가 단양을 떠날 때 그의 짐 속에는 수석 2개와 매화 화분 1개가 들어 있었다. 퇴계는 이 매화를 죽을 때까지 곁에 가까이 두고서 두향을 보듯 매화를 아끼며 돌보았다. 병이 들어 자신의 모습이 초췌해지자 퇴계는 매화에 그런 자신의 모습을 보일 수 없다며 매화 화분을 다른 방으로 옮기라 하였다. 퇴계가 세상을 떠날 때 남긴 마지막 한 마디는 이것이었다.

왼쪽_ 진도문. 도산서원으로 들어가는 사주문으로 서당영역과 서원영역을 구분하고 있다.
오른쪽_ 전교당. 서원이란 훌륭한 사람에게 제사지내고 유학을 공부하던 조선시대 사립교육기관을 말한다.
도산서원은 이황의 학문과 덕행을 기리기 위해 세웠다. 그 중 전교당은 유생들이 자기 수양과 더불어 교육을 받던 강당이다.

서당과 서원 🏛 293

"저 매화에 물을 주어라."

퇴계의 가슴에는 언제나 두향이 가득했다. 퇴계가 죽자 그 소식을 들은 두향은 구슬피 울며 4일간을 걸어서 도산서원을 찾았다. 한 사람이 죽어서야 두 사람은 겨우 만날 수 있었다. 신분의 차이로 멀리서 절을 올리고 돌아서야 했던 두향은 단양으로 돌아와 남한강에 몸을 던져 생을 마감하고 만다. 그때 두향이 퇴계에게 주었던 매화는 지금 도산서원에서 대를 잇고 이어 두 사람의 애절한 사랑을 들려주며 그때처럼 꽃을 피운다.

1 전교당. 홑처마 굴도리집으로
원내의 여러 행사와 유림의 회합장소로 사용되었다.
2 상덕사 내삼문. 삼문은 위계성의 표현이고
세 칸의 높이가 같은 평삼문이다.
3 진도문의 후면 모습으로 삼량가 맞배지붕의 사주문이다.
4 광명실. 2층 누각으로 맞배지붕에 풍판을 달았다.

위_ 전교당. 강학공간의 중심으로 정면 4칸, 측면 2칸의 규모이다.
서쪽의 정면 1칸, 측면 2칸은 방으로 원장이 기거하는 곳이며, 나머지 정면 3칸, 측면 2칸은 정면이 트여 있는 대청마루이다.
아래_ 상고직사 안마당. 고직사는 서원을 지키고 관리하는 고직庫直이 거쳐 하던 곳이다.

1 상고직사. 사고석담장 사이로 협문을 내었다. 자연석계단이 넓고 시원하다.
2 부엌 위에 2층처럼 만든 부엌다락이 보인다.
3 상고직사. 장대석기단 위에 방전을 깔고 마루는 우물마루로 했다. 기둥은 사각기둥으로 민흘림기둥이다.
4 상고직사. 문지방을 휘어지게 설치한 평대문이다.

1 도산서원을 들어서는 중심축이 되는 길이다.
왼쪽은 농운정사이고 오른쪽은 도산서원 이전에 쓰던
도산서당이 있다.
2 높은 기단과 머름 위 회벽 사이로
우리판문을 설치했다.
3 도산서원 편액. 한석봉의 글씨다.
4 문설주를 받치는 신방목信防木이다.
5 6개의 매화점을 찍은 부리초.
6 시사단. 정조가 이황을 추모하여
지방별과를 실시한 곳이다. 시사단이 있는 자리는
과거시험을 볼 때 시험 감독관이 서 있던
자리였다고 한다. 응시자가 너무 많아
서원에서는 볼 수 없어 시험장을 강변으로 옮기고
시험문제를 소나무에 걸어놓고
과거시험을 보았다고 한다.

5-4. 병산서원 屛山書院 | 경북 안동시 풍천면 병산리 30

자연의 마음을 유학자의 마음으로 받아들인 서원

조선이 위기에 직면했을 때 그 위기를 타개해 나간 중심에 류성룡이 있었다. 역사의 중심에 선다는 것은 한 사람의 인생관점에서 영광일까, 아니면 고난일까.

서애西厓 류성룡柳成龍은 조선시대 지배계층의 한 인물로서 임진왜란 전에 성곽 수축, 화기제작을 비롯하여 군비 확충에 힘써 임란 때 많은 공을 세운 인물이다. 조선 건국 300주년이 되던 해인 1592년에 결국 일본에 침략당한 조선은 건국기념일을 축하하기 위해 부산하게 준비하다가 때 아닌 곤욕을 치르게 된다. 준비되지 않은 자는 언제나 무너지게 되어 있다. 꺼져가는 등불인 조선을 지켜내기 위해 부단히 노력하면서 군사력을 확충할 것을 역설하고 이순신을 천거했던 인물이 바로 류성룡이었다.

병산서원屛山書院은 안동에서 서남쪽으로 낙동강 상류가 굽이치는 곳에 화산을 등지고 자리하고 있다. 병산서원은 이 화산을 배산으로 삼고 있고, 서원 앞에는 병산이 있다. 배산이 아닌 앞산을 서원의 이름으로 삼았다.

류성룡은 도학·글씨·문장·덕행으로 이름을 날렸을 뿐만 아니라, 임진왜란에서 왕을 보좌하고 이순신이라는 걸출한 영웅이 전장에서 계속 싸울 수 있도록 한 인물이다. 류성룡의 위패가 모셔진 병산서원은 그 전신이 풍산현에 있던 풍악서당으로 풍산 류씨의 교육기관이었는데, 류성룡이 선조 5년, 1572년에 이곳 병산으로 옮겼다. 류성룡 사후 광해군 때 정경세 등 지방 유림의 공론으로 존덕사를 세워 그의 위패를 모시고, 1629년에 그의 셋째 아들 류진의 위패를 추가로 모셨다. '병산屛山'이라는 이름을 왕으로부터 받아 서원이 된 것은 철종 14년으로 1863년이다. 서원 내 건물로는 위패를 모신 존덕사와 강당인 입교당, 유물을 보관하는 장판각, 기숙사였던 동·서재, 신문, 전사청, 만대루, 고직사가 있다.

우리나라 목조 건축물의 아름다움을 이야기할 때 결코 빠뜨릴 수 없는 건물이 병산서원이다. 병산서원이 이 같은 명성을 얻은 이유는 바로 만대루晩對樓가 있기 때문이다. 맞은편의 깎아지른 절벽인 병산과 너무나 잘 어울리는 정면 7칸, 측면 2칸의 우람한 건물인 만대루는 멀리서 보면 꼿꼿한 선비의 기질이 느껴지는 건물이다. '만대晩對'는 당나라 시인 두보의 「백제성루白帝城樓」에서 따왔다고 하는데 그 구절은 아래와 같다.

翠屛宜晚對 白谷會深遊 취병의만대 백곡회심유
푸른 병풍처럼 둘러쳐진 산수는 늦을 녘 마주 대할 만하고,
흰 바위 골짜기는 여럿 모여 그윽이 즐기기 좋구나.

맞은편 입교당에서도 주변 풍광을 향한 시야를 전혀 가리지 않고 시선의 한끝에 이 건물을 잡아두어 주변 경관의 품격을 한층 더 높이고 있다. 자신의 스승인 류성룡을 위해 이 서원을 지은 정경세의 안목이 뛰어나다.

누마루 아래로 내려서면 휘어진 모습 그대로의 굵은 기둥이 각기 다른 모양으로 건물을 떠받치고 있다. 자연목을 다듬지 않고 껍질만 벗겨 그대로 사용하는 도랑주는 우리나라만의 자연주의를 받아들인 건축기법이다. 기둥을 받치는 주춧돌도 생긴 모양 그대로의 덤벙주초이다. 주춧돌의 크기와 모양이 서로 다르나 생생한 어울림을 만들어낸다. 우리 건축의 묘미이기도 하고 마음이기도 하다. 누마루를 오르는 나무 계단도 눈길을 끄는데, 큰 통나무를 도끼질로 파내어 계단으로 삼았다. 천진성과 능청스러움은 자연에의 귀의이듯 발걸음마다 호사를 누리게 한다.

병산서원은 도동서원, 도산서원, 소수서원, 옥산서원과 함께 조선시대 5대 서원으로 손꼽히는데, 자연지형에 의지한 건물 간의 배치를 선정함에 있어 탁월한 면을 보인다.

왼쪽 위_ 입교당入敎堂에서 만대루晩對樓를 바라본 모습으로 앉으면 하늘과 산이 보이고 서면 산과 강이 보이는 강·산·하늘을 만날 수 있는 만남의 장소로 용마루 너머가 병산屛山이다.
왼쪽 아래_ 병산서원은 전학후묘의 배치에 따라 솟을대문에서 시작하여 앞쪽에는 학문을 배우고 익히는 강학공간을 배치하고, 중앙의 강당을 지나 서원 뒤쪽 가장 높은 곳에 배향공간인 사당을 배치하였다.
오른쪽_ 입교당入敎堂. 정면 5칸, 측면 2칸으로 중앙 3칸에 대청을 두고 그 좌측과 우측에 각각 1칸씩의 온돌방을 두었다.

1

2

3

1 만대루.
삼량가 홑처마 맞배지붕으로
마루를 우물마루로 했다.
2 정면 7칸, 측면 2칸의
동서로 길게 놓여 있는 만대루晩對樓는
멀리서 보면 꼿꼿한 선비의 기질이 느껴진다.
3 만대루에서 내려다본 광경.

1

2

3

4

1 만대루의 누하로 휘어진 모습 그대로의 굵은 기둥이 각기 다른 모양으로 건물을 떠받치고 있다.
2 솟을대문인 복례문復禮門의 문얼굴 사이로 만대루의 누문으로 이어지는 계단이 보인다.
3 만대루로 오르는 계단을 큰 통나무를 도끼질로 파내어 계단으로 삼았다.
4 만대루의 사방을 높은 계자난간으로 둘렀다.

1

2

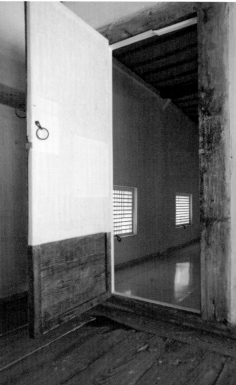
3

4

5

1 머름 위 판벽 사이로 국화정, 새발장식, ㄱ자쇠로 곱게 장식을 한 우리판문이다.
2 무고주 오량가로 입교당 좌측에 있는 경의재는 정면 1칸, 측면 2칸의 온돌방으로 교장이 묵었던 곳이다.
좌측에는 머름 위 세살 쌍창으로 하고 우측에는 불발기창으로 했다.
3 여닫이 세살청판 독창 문얼굴 사이로 벼락닫이창이 보인다.
4 왼쪽부터 여닫이 세살 쌍창, 여닫이 세살청판 독창, 벼락닫이창이다.
5 입교당. 강학공간으로 입교당·동재·서재가 있다.

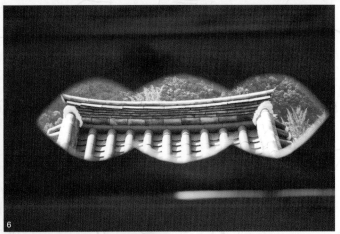

1 충량 위의 선자서까래로
장인의 솜씨가 예사롭지 않다.
2 자연석초석과 누하주인
도랑주가 천연덕스럽다.
3 자연석초석으로 덤벙주초라고도 한다.
4 난간대 옆으로 만대루로 오르는
통나무계단을 설치했다.
5 장판각藏板閣, 책을 인쇄할 때
쓰이는 목판, 유물, 류성룡의 문집 등
각종 문헌 1,000여 종
3,000여 책이 소장되어 있다.
6 난간의 풍혈 사이로
복례문復禮門의 용마루가 보인다.
7 서재. 동재와 서재는 구조가
크게 다르지 않은 대칭적
구성의 건물로 정면 4칸, 측면 1.5칸 크기의
납도리 오량가 맞배지붕이다.

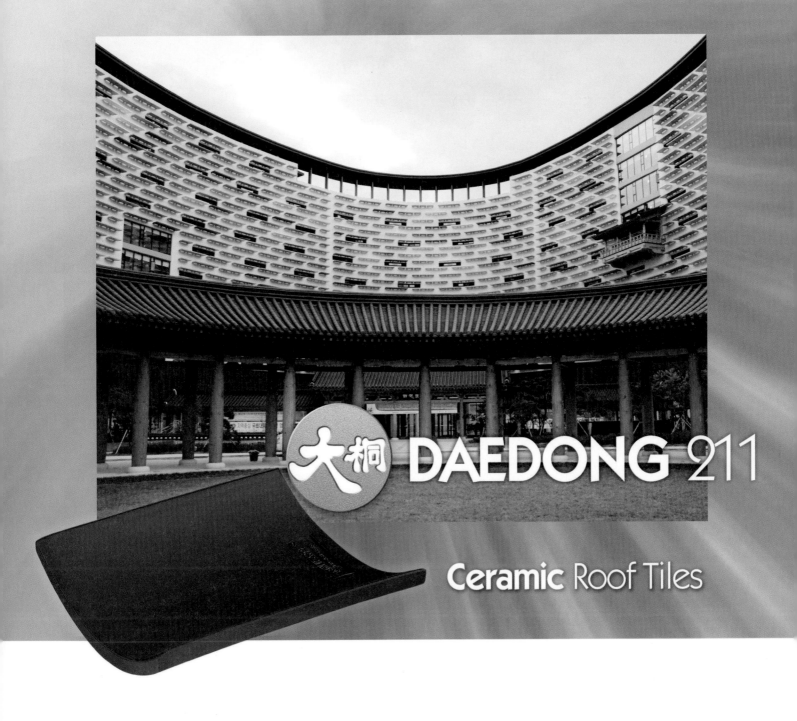

 (주) 대동요업®

- 본사 및 공장 : 경북 청도군 금천면 임당리 1943-1
- 대표전화:(054) 371-2345 팩스:(054) 372-0456
- **Head office & Factory :** 1943-1 Yimdang-li,
  Keumcheon-myeon, Cheongdo-Gun, Kyeongbuk, South Korea
- **Tel :** 82-54-371-2345 **Fax :** 82-54-372-0456

- www. rooftiles.co.kr www.roofpark.co.kr

대한민국 전통기와의 대명사 대동요업은 국내 최고 양질의 점토로 제조하여 반영구적인 수명을 보장합니다

韓屋
더 이상 고가의 주택이 아닙니다

금재목재는 대규모 제재시설과 건조시설을 갖추고 있습니다.
진보된 설비와 노하우로 저렴하고 고품질의 한옥자재를 공급하고 있습니다.

비싸다고 생각만 한 한옥.
이제 금진목재와 함께 시작하세요!

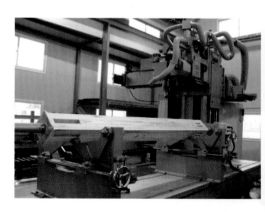

● 한옥형 복합 가공 시스템이란?

기존에 프리컷 시스템으론 불가능했던 정밀 가공
'운공' 같은 사람의 손이 많이 가는 작업을 기계를 통해 간소화

나무의 가치를 창조하는 기업
KUM JIN 금진목재 (주)

인천광역시 서구 가좌1동 602-78 | 대표전화: 032-584-8851,3 | 팩스: 032-584-8852

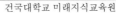

전통한옥에 현대생활을 담은…

신한옥

시공전문, 고려한옥

전통문화를 담고 있는 건강한 주택, 한옥
신한옥의 현대화를 위해 표준화 설계도면
및 기계화 생산을 통한 자재로,
한식목구조 주요과정을
사전 제작하여 조립하는 시스템화된
건축방식을 도입하였습니다.
이런 방식으로 비싸다고만 여겨왔던
한옥의 가격을 합리적인 가격으로
건축주께 돌려 드리고자 합니다.

고려한옥은,
목재를 직접 구입, 제재, 치목하고 한옥 부자재
공장을 직접 운영하여 일반 건축비 수준으로
가격 경쟁력을 갖추고 있습니다.

- 한옥시공현장과 완성된 한옥들, 광양 목재공장,
  보성 기와공장, 전통창호공장을 연계한
  한옥관광으로 믿음과 신뢰를 확인할 수 있습니다.
- 시공부터 준공까지 행정대행을 서비스합니다.
- 자체 한옥시공팀을 운영하고 있습니다.
- 시공 후 2년간 A/S를 보장합니다.

시공과정

고려한옥에서 시공한 이석규댁의
1.터잡기 2.초석놓기 3.기둥과 보 연결 4.지붕작업
5. 지붕강회다짐 6.기와 얹기의 공정별 시공과정입니다.

ok-house.com

대중화에 앞장서겠습니다

천년의 세월을 지나
한옥문화의 꽃을 피웠던 장인의 숨결이
아스카 목조주택을 통해 재현됩니다.

목재 자동 가공라인 한국 도입
한옥식 암수홈가공공법(軸組工法)

■ 기둥·보 방식과 아스카 원목벽체공법의 특·장점
  • 콘크리트보다 저렴한 목구조주택 시공이 가능하다.
  • 보와 기둥이 내·외부로 노출되어 인테리어 효과가 탁월하다.
  • 공장에서 사전에 정밀가공하여 첫째 날 상량하고
    둘째 날 벽체를 완성하므로 목재에 비를 맞히지 않고 시공할 수 있다.

■ FRE-CUT SYSTEM
  • 프리-컷 시스템을 통해 장인의 기술을 공장 자동화로 재현했다.
  • 부재의 높은 결합 강도로 쉬우면서도 튼튼한 한옥을 만든다.
  • 가공혁신을 통해 건축주의 선택폭을 넓혔다.
  • 목재 보유 시 가공만도 가능합니다. (3.3㎡당 15만 원)
    상기 가격은 환율변동에 따라 변경될 수 있습니다.

적용대상
개량한옥, 양옥식 목조주택, 이동식 소형주택, 유치원,
근린생활시설, 학교, 단지형 전원주택, 소형개인병원 등

기둥·보 목조주택 각 지역 사업자모집
기존 시공업체·신규사업 계획 중인 분

정성과 기술로 시공하는 회사
(주) 아스카

경기도 여주군 여주읍 우만리 208-27
건축 문의 및 상담 1688-2975

대리점 모집중

전통과 自然의 느낌을 그대로 살린 **목망**,
자연에서 느끼는 편안한 디자인으로 고급스러운 분위기를 연출합니다.

원목 팔각문   600x600x15T   700x700x15T   700x1700x15T

▦ 목 망 ▦

- 자연의 천연 재료만으로 제작한 친환경 제품입니다.
- 고급원목만을 사용하여 나뭇결이 아름답고 단단합니다.
- 오랜 시간 동안 자연에서 건조하여 변형이 없습니다.
- 모든 제작은 국내공장에서 장인의 수작업으로 이루어집니다.
- 시간이 지날수록 더욱더 자연미를 느낄 수 있습니다.

크로버 1호(국화모양)
빗살:622x1825x15T , 바독:645x1744x15T

N502 42각 빗살(대)
빗살:910x1830x8x15T , 바독:892x1843x8x15T

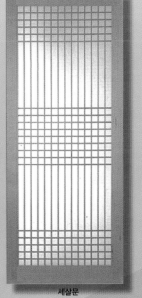

완자문   세살문   누정

다양한 목망 · 비규격 주문제작 가능

www.dyd.co.kr

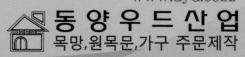
동양우드산업
목망,원목문,가구 주문제작

본사 · 공장 : 경기도 김포시 대곶면 대명리 346-1
E-mail: dyd@dyd.co.kr

공 장 : 031-989-0031
상 담 : 011-226-4067

이젠 한옥에도...

LS시스템창호

LS System
Windows & Doors

[대리점 모집중]

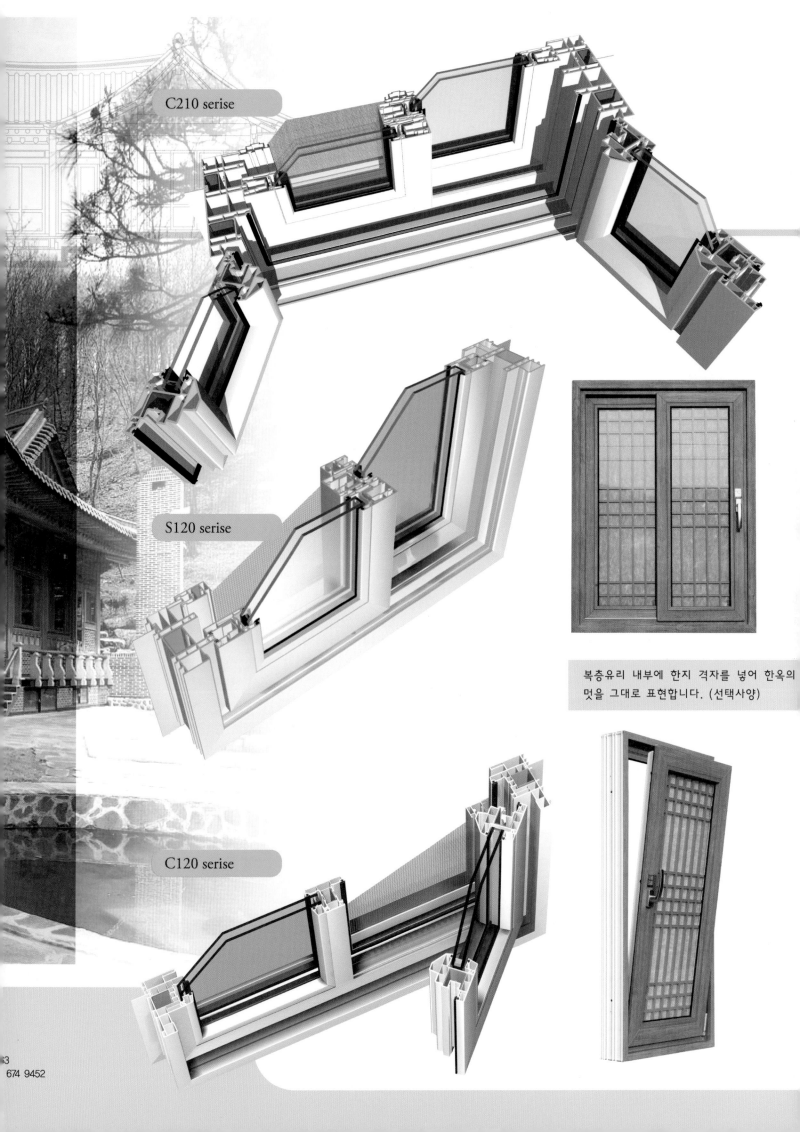

C210 serise

S120 serise

C120 serise

복층유리 내부에 한지 격자를 넣어 한옥의
멋을 그대로 표현합니다. (선택사양)

한식창호

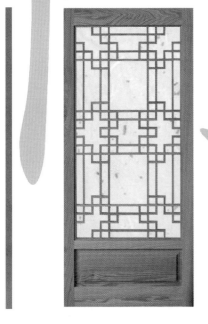

한옥의 문틀에서 가장 특징적인 격자 문양을 입체감을
주어 그대로 재현했습니다. 우리나라 사대부가의
전통적인 문살을 다양하게 디자인하고 결고운 원목으로
자연의 질감을 살려 친숙한 전통미를 느끼게합니다.

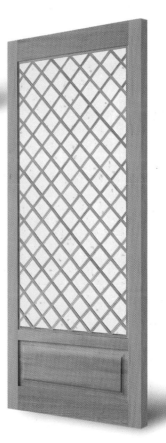

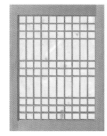   

■ 추천수종

홍송(Old Glowth D/F)
품명:북미산 홍송
특성:노랑색 및 분홍색 나이테
가 선명하고 무늬가 좋으
며 기름기가 있고 내구성
이 좋다.
용도:창호, 문틀, 루바, 후로링,
가구, 고급인테리어재

미송(Hemlock)
특성:무늬가 곱고 색상은 밝은
색을 띠며, 강도가 좋음.
용도:문틀, 창호, 몰딩

적송(Red Pine)
특성:변재는 황백색으로 폭이
좁다. 가공성이 좋고,
내수성도 양호하며, 내후,
보존성이 높다.
용도:내외장재, 상자, 펄프

태원목재(주)
Taewon Lumber Co.,Ltd.

인천광역시 서구 가좌동 602-10   Tel:032-578-8500~3   Fax:032-578-8504   www.wood.co.kr

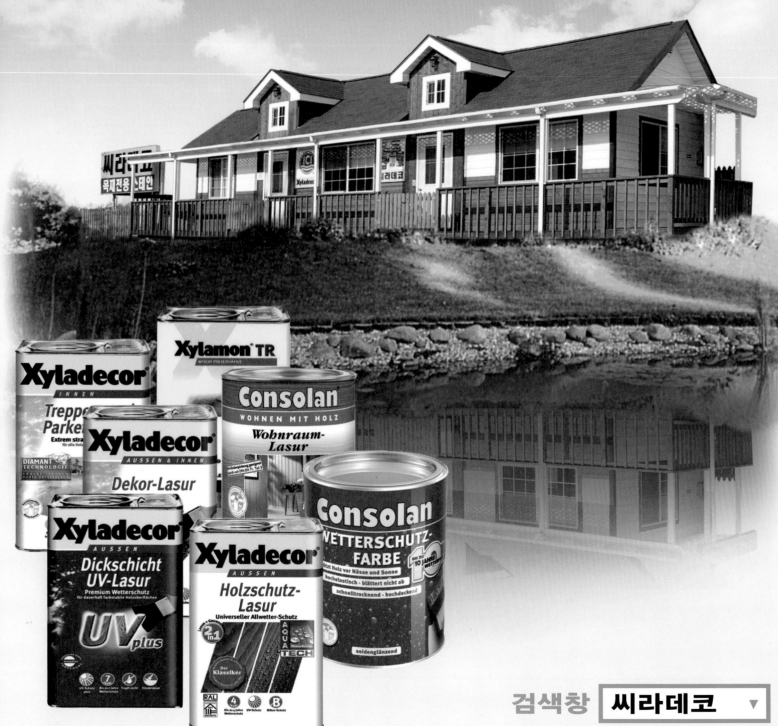

한식창호

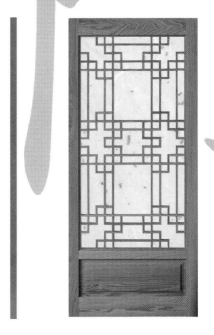

한옥의 문틀에서 가장 특징적인 격자 문양을 입체감을
주어 그대로 재현했습니다. 우리나라 사대부가의
전통적인 문살을 다양하게 디자인하고 결고운 원목으로
자연의 질감을 살려 친숙한 전통미를 느끼게합니다.

 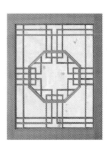 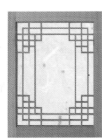 

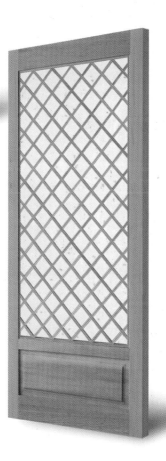

■ 추천수종

태원목재(주)
Taewon Lumber Co.,Ltd.

인천광역시 서구 가좌동 602-10   Tel:032-578-8500~3   Fax:032-578-8504   www.wood.co.kr

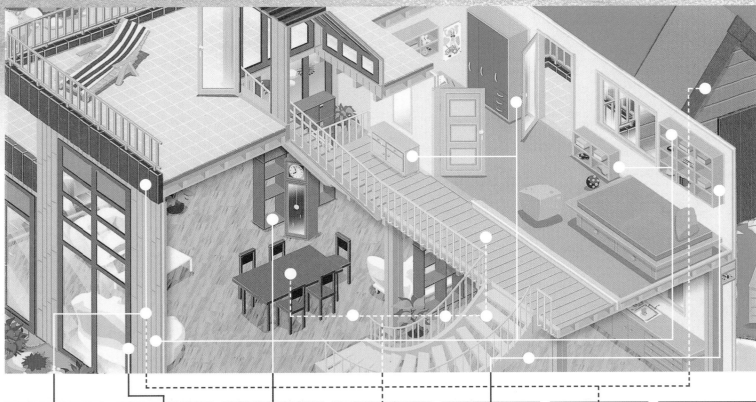

씨라데코 월드(HL) 오일스테인	씨라데코 UV+ 골드 오일스테인	씨라데코 그린 수용성스테인	씨라데코 다이아몬드 표면강화제	콘솔란 에코 수용성스테인	콘솔란 오버코트 수용성스테인	씨라몬 TR 방부/방충제

외벽/데크/사이딩	자외선차단전용제품	책장/가구/테이블	계단/마루/바닥	내벽/루바/사이딩	울타리/시멘트사이딩	기둥/보/서까래

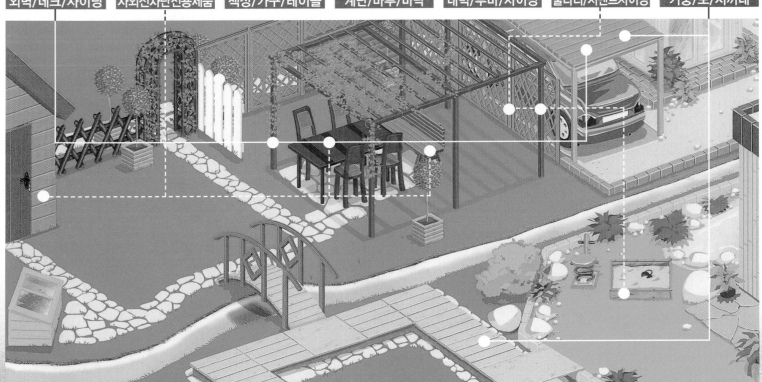

TYT WoodTect

태영무역주식회사
TAE YOUNG TRADING CO., LTD.

경기도 광주시 초월읍 대쌍령리 377-2 (태영빌딩)
TEL : 031)767-1104(代)   FAX : 031)767-1108
http://www.tyt.co.kr   http://씨라데코.com

2010.5월 제작